新自动化——从信息化到智能化

供配电系统

主 编 邵虹君
副主编 刘云静 郭 峰
参 编 杨 畅 严心然 翟 洋

机械工业出版社

本书以供配电系统设计为主线，介绍供配电系统的基本概念、参数计算和设计整定方法。全书共分为9章，主要内容包括电力系统概述、电力负荷与其计算、短路电流计算、供配电系统的一次电气设备、供配电系统接线、线缆及电气设备的选择、供配电系统的继电保护、供配电系统的二次回路、电气安全与防雷和接地。本书重点突出、条理清晰，以实际工程实践为背景，介绍基本理论及其在工程应用中的演变，便于理解和灵活运用供配电知识和方法。

本书可以作为高等院校电气工程和自动化等专业的本科教材，也可以作为研究生及相关技术人员的参考用书。

需要配套资源的教师可登录机械工业出版社教育服务网www.cmpedu.com免费注册下载。

图书在版编目（CIP）数据

供配电系统/邵虹君主编. —北京：机械工业出版社，2023.5（2024.11重印）

（新自动化：从信息化到智能化）

ISBN 978-7-111-73017-0

Ⅰ. ①供… Ⅱ. ①邵… Ⅲ. ①供电系统-自动化技术②配电系统-自动化技术 Ⅳ. ①TM72

中国国家版本馆CIP数据核字（2023）第068155号

机械工业出版社（北京市百万庄大街22号　邮政编码100037）

策划编辑：罗　莉　　　　　责任编辑：罗　莉　刘星宁
责任校对：樊钟英　李　杉　　封面设计：鞠　杨
责任印制：常天培
固安县铭成印刷有限公司印刷
2024年11月第1版第2次印刷
184mm×260mm · 12.25印张 · 303千字
标准书号：ISBN 978-7-111-73017-0
定价：58.00元

电话服务　　　　　　　　　　网络服务

客服电话：010-88361066　　　机　工　官　网：www.cmpbook.com
　　　　　010-88379833　　　机　工　官　博：weibo.com/cmp1952
　　　　　010-68326294　　　金　书　网：www.golden-book.com
封底无防伪标均为盗版　　　　机工教育服务网：www.cmpedu.com

前　言

随着新能源发电、分布式发电和微网技术的逐渐兴起，以及节能环保需求，电力系统结构呈现出多样化的特点。供配电系统位于电力系统末端，其任务为向电力用户提供优质电能，满足生产和生活各方面需要。供配电系统内容丰富，各部分内容紧密相关，本书以供配电系统设计为主线，论述供配电基础知识、参数计算方法和系统设计整定方法。

全书共分为9章，主要内容包括电力系统概述、电力负荷与其计算、短路电流计算、供配电系统的一次电气设备、供配电系统接线、线缆及电气设备的选择、供配电系统的继电保护、供配电系统的二次回路、电气安全与防雷和接地。

本书内容精炼、重点突出，将基本理论联系工程实际，介绍方法来源及应用结论，便于理解和灵活运用供配电知识和方法。

本书由邵虹君任主编，刘云静和郭峰任副主编，杨畅、严心然、翟洋参编。本书在编写过程中参考了许多教材、专著、标准、手册和论文，在此向所有作者表示诚挚的谢意！

由于作者水平有限，难免有疏漏之处，请各位读者和专家批评指正。

作者

目 录

前言
第1章 绪论 1
1.1 电力系统概述 1
- 1.1.1 电力系统组成 1
- 1.1.2 电力系统其他结构形式 3
- 1.1.3 电力系统运行特点 4
1.2 电力系统标准电压与电能质量 4
- 1.2.1 电力系统标准电压 4
- 1.2.2 电能质量 6
1.3 电力系统中性点运行方式 7
- 1.3.1 中性点不接地系统 7
- 1.3.2 中性点经消弧线圈接地系统 9
- 1.3.3 中性点直接接地系统 9
1.4 低压系统接地形式 10
- 1.4.1 导线 10
- 1.4.2 接地形式 10
1.5 供配电系统 13
- 1.5.1 二级降压的供配电系统 13
- 1.5.2 一级降压的供配电系统 13
- 1.5.3 低压直供的供配电系统 15
1.6 本书主要内容 15
思考题与习题 16

第2章 电力负荷与其计算 17
2.1 电力负荷基本概念 17
- 2.1.1 电力负荷含义 17
- 2.1.2 按工作制分类 18
- 2.1.3 负荷分级 18
2.2 负荷曲线 19
- 2.2.1 概念 19
- 2.2.2 分类 19
- 2.2.3 有关参量 21
2.3 负荷计算 22
- 2.3.1 计算负荷的来源和概念 22
- 2.3.2 需要系数法 23
- 2.3.3 二项式系数法 27
2.4 损耗计算 29
- 2.4.1 功率损耗计算 29
- 2.4.2 电能损耗计算 30
2.5 无功功率补偿 31
2.6 供配电系统负荷计算 33
思考题与习题 35

第3章 短路电流计算 36
3.1 短路概述 36
- 3.1.1 短路的原因 36
- 3.1.2 短路的危害 37
- 3.1.3 短路的类型 37
3.2 三相短路暂态过程 39
- 3.2.1 无限大容量电力系统短路暂态分析 39
- 3.2.2 有限容量电力系统短路暂态简介 43
3.3 三相短路计算 44
- 3.3.1 短路电流计算概述 44
- 3.3.2 元件阻抗计算 44
- 3.3.3 有名值法三相短路电流计算 45
- 3.3.4 标幺值法三相短路电流计算 48
3.4 两相短路计算 54
3.5 短路热效应和电动力效应 55
- 3.5.1 短路电流的热效应 55
- 3.5.2 短路电流的电动力效应 57
思考题与习题 58

第4章 供配电系统的一次电气设备 60

- 4.1 电气设备概述 60
  - 4.1.1 一次系统和二次系统 60
  - 4.1.2 一次电气设备分类 60
  - 4.1.3 电弧及灭弧方法 61
- 4.2 电力变压器 62
  - 4.2.1 电力变压器的分类 62
  - 4.2.2 电力变压器的结构 62
  - 4.2.3 电力变压器的全型号 63
  - 4.2.4 电力变压器的联结组别 63
  - 4.2.5 电力变压器的实际容量与过载能力 64
- 4.3 互感器 65
  - 4.3.1 电流互感器 66
  - 4.3.2 电压互感器 68
- 4.4 熔断器 71
  - 4.4.1 高压熔断器 71
  - 4.4.2 低压熔断器 72
- 4.5 高压开关设备 73
  - 4.5.1 高压断路器 73
  - 4.5.2 高压隔离开关 77
  - 4.5.3 高压负荷开关 77
- 4.6 低压开关设备 79
  - 4.6.1 低压断路器 79
  - 4.6.2 低压刀开关和刀熔开关 80
  - 4.6.3 低压负荷开关 81
- 4.7 成套配电装置 81
  - 4.7.1 高压开关柜 81
  - 4.7.2 低压配电屏 82
  - 4.7.3 动力和照明配电箱 83
- 思考题与习题 84

第5章 供配电系统接线 86

- 5.1 供配电网络接线 86
  - 5.1.1 放射式 86
  - 5.1.2 树干式 88
  - 5.1.3 环形 88
- 5.2 变配电所电气主接线 89
  - 5.2.1 电气主接线的基本环节 90
  - 5.2.2 变配电所电气主接线的基本形式 91
  - 5.2.3 10kV变配电所常见的电气主接线方案 95
- 5.3 线路结构与敷设 97
  - 5.3.1 架空线路的结构与敷设 97
  - 5.3.2 电缆线路的结构与敷设 102
- 思考题与习题 105

第6章 线缆及电气设备的选择 106

- 6.1 线缆选择概述 106
  - 6.1.1 线缆型式的选择 106
  - 6.1.2 线缆截面选择的条件 106
- 6.2 按照发热条件选线缆截面 107
  - 6.2.1 三相系统中相线截面的选择 107
  - 6.2.2 中性线和保护线截面的选择 108
- 6.3 按照允许电压损失选线缆截面 110
  - 6.3.1 电压损失计算方法 111
  - 6.3.2 按照允许电压损失选线缆截面 113
- 6.4 按照机械强度选线缆截面 117
- 6.5 按照经济电流密度选线缆截面 117
- 6.6 电气设备选择的一般原则 118
- 6.7 高低压开关设备的选择 120
  - 6.7.1 高压开关设备的选择 120
  - 6.7.2 低压断路器的选择 121
- 6.8 互感器的选择 123
  - 6.8.1 电流互感器的选择 123
  - 6.8.2 电压互感器的选择 124
- 6.9 熔断器的选择 125
- 6.10 电力变压器的选择 126
- 思考题与习题 127

第7章 供配电系统的继电保护 128

- 7.1 继电保护概述 128
- 7.2 电力线路的继电保护 136
  - 7.2.1 无时限电流速断保护 137
  - 7.2.2 定时限(反时限)过电流保护 138
  - 7.2.3 带时限电流速断保护 143
  - 7.2.4 过负荷保护 145
  - 7.2.5 单相接地保护 145
- 7.3 电力变压器的继电保护 147
  - 7.3.1 概述 147
  - 7.3.2 电力变压器的过电流保护、电流速断保护和过负荷保护 147
  - 7.3.3 变压器低压侧单相短路的零序电流保护 148
  - 7.3.4 变压器的差动保护 149
  - 7.3.5 变压器的气体保护 150
- 思考题与习题 151

第8章 供配电系统的二次回路 …… 152
- 8.1 二次回路概述 …………………… 152
- 8.2 操作电源 ………………………… 152
  - 8.2.1 直流操作电源 ……………… 152
  - 8.2.2 交流操作电源 ……………… 154
- 8.3 断路器的控制和信号回路 ……… 154
  - 8.3.1 主令电器 …………………… 154
  - 8.3.2 二次小母线 ………………… 156
  - 8.3.3 控制和信号回路概述 ……… 156
  - 8.3.4 采用手动操动的断路器控制和信号回路 …………………… 157
  - 8.3.5 采用电磁操动机构的断路器控制和信号回路 …………… 158
  - 8.3.6 采用弹簧操动机构的断路器控制和信号回路 …………… 159
- 8.4 电测量回路 ……………………… 161
- 8.5 自动重合闸装置和备用电源自动投入装置 ……………………… 163
  - 8.5.1 自动重合闸装置 …………… 163
  - 8.5.2 备用电源自动投入装置 …… 165
- 8.6 二次回路图 ……………………… 166
- 思考题与习题 ………………………… 170

第9章 电气安全与防雷和接地 …… 171
- 9.1 电气安全 ………………………… 171
  - 9.1.1 电气安全基本知识 ………… 171
  - 9.1.2 电气安全的技术防护措施 … 172
  - 9.1.3 触电急救 …………………… 173
- 9.2 过电压与防雷 …………………… 173
  - 9.2.1 过电压与雷电 ……………… 173
  - 9.2.2 防雷装置 …………………… 174
  - 9.2.3 防雷措施 …………………… 179
- 9.3 电气接地 ………………………… 182
  - 9.3.1 接地的基本概念 …………… 182
  - 9.3.2 接地的类型 ………………… 183
  - 9.3.3 接地装置装设 ……………… 185
  - 9.3.4 接地电阻 …………………… 186
  - 9.3.5 低压配电系统的等电位联结 … 188
- 思考题与习题 ………………………… 189

参考文献 …………………………… 190

第1章 绪论

1.1 电力系统概述

1.1.1 电力系统组成

电能是一种清洁的二次能源,便于传输和使用,通过用电设备可以将电能转换成其他形式的能量加以利用,例如,通过电动机可以将电能转换成机械能带动机械负载做功,通过照明灯具可以将电能转换成光能进行照明。电能是现代生产和生活中重要的基础能源之一,由于其所处的基础性地位,因此对其质量和可靠性都有较高的要求。

电力系统(Power System)是包含生产电能、输送电能、分配电能、变换电能和使用电能的一个整体。图1-1是一个简单的电力系统结构示意图。

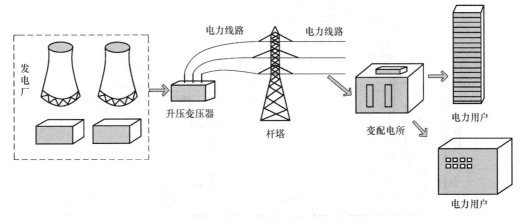

图1-1 电力系统结构示意图

通过图1-1可以简单了解电能从生产到使用的整个过程。发电厂生产电能,经过升压变压器将电压升高后送到高压输电线上,由输电线路将电能送到变配电所,经过多次降压后,将电能送给用电设备使用。

电力系统去掉发电厂的电气部分和用电设备，其他部分称为电力网，简称电网。电力系统与发电厂的热能部分和动力部分合起来称为动力系统，三者之间的关系如图1-2所示。

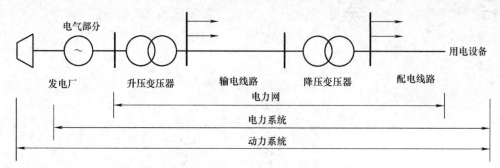

图1-2　电力系统、电网和动力系统三者之间的关系

电力系统包括4个组成部分：发电厂、变配电所、电力线路和电力用户。

1. 发电厂

发电厂是生产电能的工厂，其将自然界中存在的某些一次能源转变成电能。由于自然界中不存在足量可控的电能，因此发电厂是电力系统不可缺少的组成部分。发电厂一般根据一次能源来命名，例如，火力发电厂、水力发电厂、核电站、风力发电场等。火力发电是传统的发电方式，技术成熟，但是耗能大，污染环境，目前仍然是我国发电的主要方式。风能是一种绿色能源，利用风力发电可以节约常规能源的使用，减少污染气体的排放，是一种具有潜力的发电方式。下面分别对火力发电和风力发电的工作原理进行简单介绍。

（1）火力发电　图1-3是某火力发电厂的生产过程示意图。首先将煤磨成煤粉喷入锅炉中燃烧，加热管壁内的水，经过加热成为高温、高压的水蒸气，推动汽轮机转动，带动同轴发电机发电产生电能，做过功的水蒸气经过冷凝器冷却后，经过水泵重新送回到锅炉内加热。

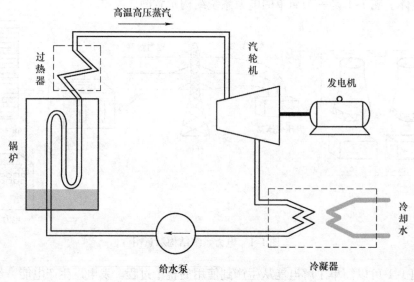

图1-3　火力发电厂生产过程示意图

（2）风力发电　目前风力发电系统的结构主要分为双馈风力发电系统和永磁风力发电系统两种，下面以永磁风力发电系统为例介绍风力发电的工作原理，如图1-4所示。

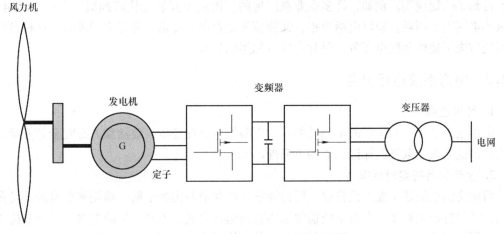

图1-4　永磁风力发电系统结构示意图

风力机将风的动能转变为机械能，经过变速齿轮箱改变转速，再由永磁风力发电机将机械能转变成电能，然后由变频器改变电压频率，将电能送给电网。

2. 变配电所

变配电所是电力系统的重要电力设施，其具有变换电压等级、接受和分配电能的作用。不含有变压器，只具有接受和分配电能功能的电力设施称为开关站、开闭所或配电所。发电机附近的变配电所为升压变配电所，其他为降压变配电所，设置升压变配电所的目的是为了大功率远距离传输电能时减小线路上的电能损耗，设置降压变配电所是出于安全和绝缘考虑，降压后将电能供给用电设备。

按照电压等级和地位不同，降压变配电所又分为枢纽变配电所、城市电源变配电所、区域变配电所、总降压变配电所、车间变配电所、公用变配电所和专用变配电所等。

3. 电力线路

电力线路用于传输电能，其分为输电线路和配电线路，输电线路传输距离远，传输电能容量大，电压等级高，一般将发电厂升压后的电能送给各个变配电所。配电线路将电能送给下级变配电所或用电设备。

出于节约生产成本和提高经济效益的角度考虑，发电厂一般建设在一次能源丰富的地区，例如，盛产煤的地区，高山峡谷地势落差大的地区。因此发电厂离负荷中心较远，需要由输电线路将电能输送到负荷中心。负荷是分散的且归属不同，因此需要由配电线路将集中的电能分配给散布的用户。

4. 电力用户

电力用户消耗电能，是电能使用者。按照行业划分，电力用户分为工业企业用户、商业用户和居民用户等。工业企业用户最多，占总耗电量的70%以上。

1.1.2　电力系统其他结构形式

以上包含发电、输变电、变配电和用电4个环节的电力系统是目前主流结构形式。而由于新能源发电、分布式发电和微网的兴起，电力系统结构形式变得更加多样化，以适应各种不同的场合。

由于常规能源短缺、大气污染严重等问题，结合"双碳"目标，各种分布式光伏发电系统得到了广泛应用。例如，许多企业在厂房的空闲屋顶安装光伏阵列板，自产自用电能，既减小电网电能消耗，减轻电网负担，又能节省企业用电开销，降低生产成本。这种自产自用系统省去了输电和配电环节，只含有发电和用电环节。

1.1.3 电力系统运行特点

1. 可靠性高

电能是关系生产和生活的基础性能源，中断供电会在经济、政治和人身安全等方面产生影响，因此必须采取措施保证供电的可靠性。

2. 生产和消费实时平衡

目前交流电能还不能大量存储，因此要求生产和消费实时平衡，消耗多少电能，发多少电能，并做好电能调度。电力系统通常采用联网运行方式，不同地区的电源连接起来构成网络，共同给用户供电，实现电源和负荷之间的电能平衡。

3. 暂态过程要求短暂

系统故障会损坏系统元件，影响系统正常运行，因此出现故障时要求系统能够快速响应，切除故障，减小故障影响程度，快速恢复系统正常运行。因此电力系统一般配有自动监测和保护装置。

1.2 电力系统标准电压与电能质量

1.2.1 电力系统标准电压

传输距离和传输功率不变时，电压越高，电流越小，线路上产生的电能损耗和电压损失越小，可以减小导线截面积，降低成本和节省有色金属。但是电压越高，对绝缘的要求越高，成本高，体积大，因此针对不同的传输距离和传输功率都有一种技术经济最合理的电压大小。为了实现工程体系配套，使设备生产标准化和系列化，相关组织和会议制订了很多电压标准，这些标准并不统一。我国在国家标准 GB/T 156—2017《标准电压》中对系统和设备的标准电压做了明确规定，我国发电和设备制造都按照此标准执行。表 1-1 为国家标准 GB/T 156—2017《标准电压》中的部分内容。

表 1-1 国家标准 GB/T 156—2017《标准电压》部分内容

电力系统标称电压 U_N/kV	用电设备额定电压 $U_{r.E}$/kV	发电机额定电压 $U_{r.G}$/kV	变压器额定电压/kV		系统平均电压 U_{av}/kV
			一次绕组 $U_{r1.T}$	二次绕组 $U_{r2.T}$	
0.38	0.38	0.40	0.38	0.40	0.40
0.66	0.66	0.69	0.66	0.69	0.69
3	3	3.15	3	3.15	3.15
6	6	6.3	6	6.3 / 6.6	6.3

(续)

电力系统标称电压 U_N/kV	用电设备额定电压 $U_{r.E}$/kV	发电机额定电压 $U_{r.G}$/kV	变压器额定电压/kV		系统平均电压 U_{av}/kV
			一次绕组 $U_{r1.T}$	二次绕组 $U_{r2.T}$	
10	10	10.5	10	10.5	10.5
—	—	13.8	13.8	—	—
—	—	15.75	15.75	—	—
—	—	18	18	—	—
—	—	20	20	—	—
35	35	—	35	38.5	37
66	66	—	66	72.6	69
110	110	—	110	121	115

1. 系统标称电压 U_N

系统标称电压 U_N 是电力系统各个电压等级的电压基准值,是电气设备制定额定电压的依据。由于电流通过线路时会产生电压损失,因此某一电压等级线路上各点的实际运行电压 U_{OP} 不一定等于系统标称电压,线路首端电压最高,越往末端,运行电压越低。图1-5 表示运行电压沿线路分布情况。

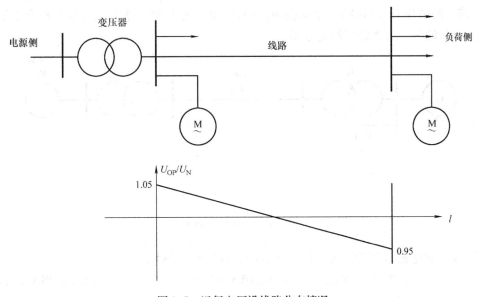

图 1-5 运行电压沿线路分布情况

2. 用电设备额定电压

设备工作于额定状态时,技术和经济指标最优。用电设备可能接于某一线路的任何一个位置,不同位置运行电压不同,为了使设备安全高效运行,对系统和设备两方面都做了要求。对系统方面,要求线路总的电压损失限制在 10% 以内,首端不高于 $1.05U_N$,末端不低于 $0.95U_N$。对设备方面,要求设备生产厂家保证设备有 ±5% 的容差率。

由于用电设备接于线路上,因此规定用电设备的额定电压等于系统的标称电压。

3. 发电机额定电压

由于发电机接于线路首端,因此发电机额定电压等于线路首端电压,比系统标称电压高5%。

4. 变压器额定电压

(1) 变压器一次绕组额定电压　变压器一次绕组相当于用电设备,因此一次绕组额定电压等于系统标称电压。当变压器为升压变压器,离发电机较近时,变压器一次绕组额定电压等于发电机额定电压,即等于$1.05U_N$。

(2) 变压器二次绕组额定电压　变压器二次绕组额定电压比系统标称电压高10%,其中5%用于补偿变压器内部电压损失,另外5%用于补偿线路电压损失。当变压器离负荷较近,线路较短时,线路电压损失可以忽略不计,此时,变压器二次绕组额定电压比系统标称电压高5%,仅用于补偿变压器内部电压损失。

5. 系统平均电压

系统平均电压等于$1.05U_N$,是为了简化计算而取的近似值。

电力系统按照系统标称电压等级进行了划分,1kV以下称为低压系统,1~35kV称为中压系统,35~220kV称为高压系统,220~1000kV称为超高压系统,1000kV及以上称为特高压系统。

例1-1　如图1-6所示,发电机G与3kV线路相连,T_1是升压变压器,T_2是降压变压器,线路上的电压U_N为10kV,电动机M_1的额定电压为380V,求发电机G的额定电压,变压器T_1、T_2的一、二次绕组额定电压。

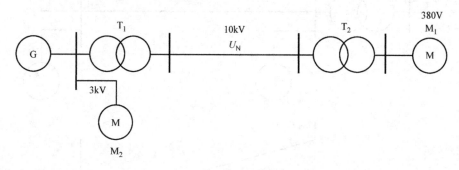

图1-6　例1-1系统图

解:1) 发电机G额定电压:$U_{r \cdot G} = 1.05 \times 3\text{kV} = 3.15\text{kV}$;

2) 变压器T_1额定电压:$U_{r1 \cdot T_1} = 1.05 \times 3\text{kV} = 3.15\text{kV}$,$U_{r2 \cdot T_1} = 1.1 \times 10\text{kV} = 11\text{kV}$;

3) 变压器T_2额定电压:$U_{r1 \cdot T_2} = 1 \times 10\text{kV} = 10\text{kV}$,$U_{r2 \cdot T_2} = 1.05 \times 0.38\text{kV} = 0.4\text{kV}$。

1.2.2　电能质量

电能质量是指系统供给用户的电能品质,衡量电能质量的指标有电压偏差、频率偏差、谐波含量和三相不平衡度等。

1. 电压偏差

电压偏差是指实际运行电压与系统标称电压之间的相对偏差,定义公式为

$$\Delta U\% = \frac{U_{\text{OP}} - U_{\text{N}}}{U_{\text{N}}} \times 100\% \tag{1-1}$$

电压偏差要控制在允许值之内,否则影响设备正常运行。例如,照明设备电压过高或过低都会影响其使用效果。

2. 频率偏差

我国电力系统频率为 50Hz,要求频率偏差在 ±0.2Hz 以内。

3. 谐波含量

理想交流电为正弦波形,但是由于非线性负载的接入,大量谐波电流注入到电网中,使得电流波形发生畸变,影响设备正常运行,应对谐波进行抑制或补偿。

4. 三相不平衡度

当系统带不对称负载时,三相电流不再平衡,不平衡三相电压和电流可以分解为正序、负序和零序三个分量,一般用负序分量与正序分量的百分比来衡量不平衡度。

$$\varepsilon_X = \frac{X_-}{X_+} \times 100\% \tag{1-2}$$

式中,X_- 表示电压或电流的负序分量,X_+ 表示电压或电流的正序分量,ε_X 表示不平衡度。

以上各项指标限值在相应标准里都有明确规定。

1.3 电力系统中性点运行方式

电力系统中性点是指发电机或变压器星型联结的公共点,中性点运行方式是指中性点与大地之间的连接方式,不同的中性点运行方式对供电可靠性和绝缘要求等性能会有不同的影响。图 1-7 中的 N 点为电力变压器的中性点。

电力系统中性点运行方式包括中性点不接地,中性点经消弧线圈接地和中性点直接接地等。

1.3.1 中性点不接地系统

图 1-8 为中性点不接地系统正常运行时的电路图,图中中性点 N 悬空,电源相电压 $\dot{U}_A$、$\dot{U}_B$ 和 $\dot{U}_C$ 三相对称,满足

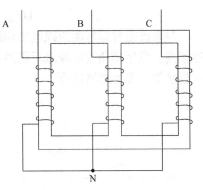

图 1-7 电力变压器的中性点

$$\dot{U}_A + \dot{U}_B + \dot{U}_C = 0 \tag{1-3}$$

相线与相线之间,以及相线与大地之间都存在分布电容,相线之间的分布电容较小,忽略不计,相线与大地之间的分布电容用一个集中电容 C 表示。

中性点与大地等电位,对地电压为零,因此三相相线对地电压为相电压。接地电流等于三相电容电流之和,即

$$\dot{I}_{C0 \cdot A} + \dot{I}_{C0 \cdot B} + \dot{I}_{C0 \cdot C} = \frac{(\dot{U}_A + \dot{U}_B + \dot{U}_C)}{X_C} = 0 \tag{1-4}$$

式中,X_C 为每个电容的容抗值。

图 1-9 为发生单相接地故障时的电路图和相量图。C 相接地,称为故障相,另外两相为

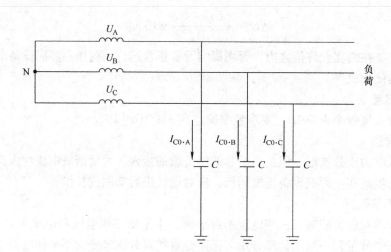

图1-8 中性点不接地系统正常运行

非故障相。中性点对地电压变为 $-\dot{U}_C$，故障相对地电压 $\dot{U}'_C$ 为零，非故障相对地电压为

$$\begin{cases} \dot{U}'_A = \dot{U}_A - \dot{U}_C = \dot{U}_{AC} \\ \dot{U}'_B = \dot{U}_B - \dot{U}_C = \dot{U}_{BC} \end{cases} \quad (1\text{-}5)$$

可见，非故障相对地电压由相电压变为线电压。发生单相接地故障时三相线电压为

$$\begin{cases} \dot{U}'_{AB} = \dot{U}'_A - \dot{U}'_B = \dot{U}_{AC} - \dot{U}_{BC} = \dot{U}_{AB} \\ \dot{U}'_{BC} = \dot{U}'_B - \dot{U}'_C = \dot{U}_{BC} - 0 = \dot{U}_{BC} \\ \dot{U}'_{AC} = \dot{U}'_A - \dot{U}'_C = \dot{U}_{AC} - 0 = \dot{U}_{AC} \end{cases} \quad (1\text{-}6)$$

与系统正常运行时的线电压相同，设备仍然可以正常工作。中性点不接地系统供电可靠性较高，发生单相接地故障后仍然可以持续运行一段时间，但是不可以长期运行，避免另外一相接地，发生短路故障。

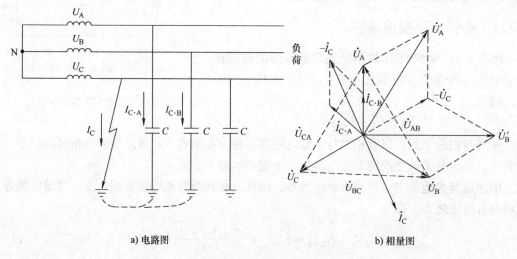

a) 电路图　　　　　　　　b) 相量图

图1-9 中性点不接地系统发生单相接地故障

接地电流

$$\dot{I}_C = -(\dot{I}_{C\cdot A} + \dot{I}_{C\cdot B}) \tag{1-7}$$

从相量图可以看出

$$I_C = \sqrt{3}I_{C\cdot A} \tag{1-8}$$

且

$$I_{C\cdot A} = U'_A/X_C = \sqrt{3}U_A/X_C = \sqrt{3}I_{C0} \tag{1-9}$$

得到

$$I_C = 3I_{C0} \tag{1-10}$$

可见，接地电流是电容电流的 3 倍，该电流超前电压 $\dot{U}_C$ 90°。由于接地电流较小，所以称为小接地电流系统。

1.3.2 中性点经消弧线圈接地系统

中性点不接地系统接地电流随着电压等级的升高而增大，当电流增大到某一值时，会产生电弧。为了避免电弧的产生，可采用中性点经消弧线圈接地方式。消弧线圈是一个电感值很大的电抗器，并且电感值可调，可通过调节电感值减小接地电流。

图 1-10 是中性点经消弧线圈接地系统发生单相接地故障时的电路图和相量图。

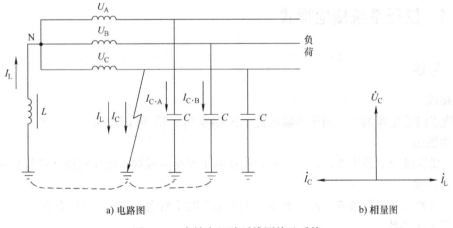

图 1-10　中性点经消弧线圈接地系统

故障点接地电流为电感电流 $\dot{I}_L$ 和电容电流 $\dot{I}_C$ 的相量和，由于电感两端电压为 $\dot{U}_C$，且电感电流滞后电感电压 90°，因此，电流 $\dot{I}_L$ 和 $\dot{I}_C$ 相位相反，使总接地电流减小，且可调。该系统也属于小接地电流系统。

中性点经消弧线圈接地系统发生单相接地故障时，非故障相对地电压与中性点不接地系统一样，都变为线电压。这两种系统的绝缘都按照线电压设计。

1.3.3 中性点直接接地系统

图 1-11 是中性点直接接地系统发生单相接地故障时的电路图。

由于中性点直接接地，中性点与大地等电位，与是否发生单相接地故障无关，C 相相线接地，此时相电源通过相线和大地形成短路回路，接地电流为单相短路电流，因此该系统称

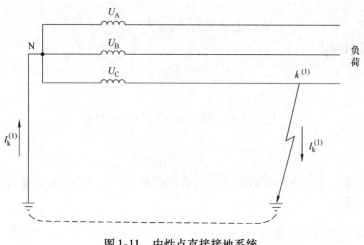

图1-11 中性点直接接地系统

为大接地系统。

非故障相对地电压仍然为相电压,因此绝缘按照相电压设计,对绝缘要求低。在电压等级较高的系统中适宜采用这种中性点运行方式,减轻绝缘负担。

1.4 低压系统接地形式

1.4.1 导线

1. 相线

相线连接于电源端子,用于传输电能,用符号 L1、L2 和 L3 表示。

2. 中性线

中性线连接于电源中性点,可为单相设备和不平衡负载提供电流通路,用符号 N 表示。

3. 保护线

用于保护人身和设备安全的接地线,正常工作时不带电,用符号 PE 表示。

4. 保护中性线

兼具保护线和中性线作用,用符号 PEN 表示。

1.4.2 接地形式

低压系统接地形式由电源接地方式和设备外露可导电部分接地方式共同决定,由两位字母来表示,第一位字母表示电源接地方式,用 T 表示电源中性点直接接地,用 I 表示电源中性点不接地或经高阻抗接地;第二位字母表示设备外露可导电部分接地方式,用 T 表示设备外露可导电部分采用独立的接地极,与电源地无电气联系,用 N 表示设备外露可导电部分与电源共用接地装置。低压系统接地形式包括 TT 系统、IT 系统和 TN 系统,其中 TN 系统又分为 TN-S 系统、TN-C 系统和 TN-C-S 系统。

1. TN 系统

TN 系统的电源中性点直接接地,设备外露可导电部分与电源共用接地装置。

(1) TN‑S 系统 TN‑S 系统中性点直接接地，并引出中性线 N 和保护线 PE，如图 1‑12 所示。设备外露可导电部分连接到公共保护线 PE 上，设备中性点接到中性线 N 上。

这种接地形式可靠性较高，但是导线数量多，投资成本高。

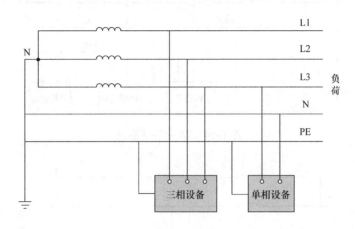

图 1‑12 TN‑S 系统

(2) TN‑C 系统 TN‑C 系统与 TN‑S 系统的区别在于保护线 PE 和中性线 N 合为了一根保护中性线 PEN，设备外露可导电部分和设备中性点都接到保护中性线 PEN 上，如图 1‑13 所示。这种接地形式经济性较好，但是安全性较差，现在很少采用。

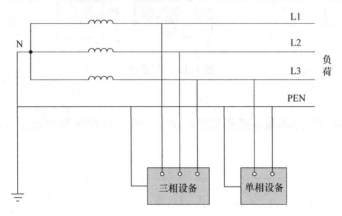

图 1‑13 TN‑C 系统

(3) TN‑C‑S 系统 TN‑C‑S 系统的前半部分是 TN‑C 系统，在某一点将保护中性线 PEN 分开，分成保护线 PE 和中性线 N，后半部分是 TN‑S 系统，如图 1‑14 所示。

这种接地形式结构简单，又能保证一定的安全性，是一种广泛采用的低压系统接地形式。

2. TT 系统

TT 系统的电源中性点直接接地，设备外露可导电部分采用独立的接地极，与电源地无电气连接关系，如图 1‑15 所示。

TT 系统的安全性较高，比较适用于无等电位连接的室外场所，例如路灯、农场和施工场地等。

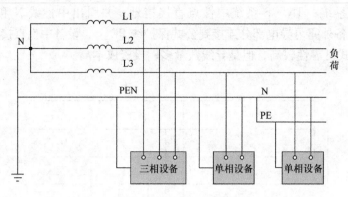

图 1-14　TN-C-S 系统

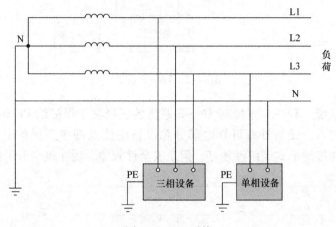

图 1-15　TT 系统

3. IT 系统

IT 系统的电源中性点不接地或经高阻抗接地，设备外露可导电部分采用独立的接地极，如图 1-16 所示。

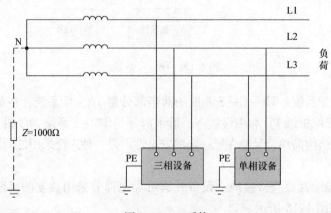

图 1-16　IT 系统

IT 系统供电可靠性最高，但只适用于小范围供电，例如，医院手术室和缆车等场合。

1.5 供配电系统

供配电系统（Power Supply and Distribution System）是电力系统的组成部分，位于电力系统的最末端，其从输电系统中接受电能，经过降压、分配后直接给用电设备使用。供配电系统按照服务对象分为工业企业供配电系统、商业供配电系统和居民供配电系统。

供配电系统的结构和进线电压等级与电力用户规模（供电区域范围和负荷量值）有关，供电区域和负荷量值越大，进线电压等级越高。供配电系统主要分为二级降压的供配电系统、一级降压的供配电系统和低压直供的供配电系统。

1.5.1 二级降压的供配电系统

对于大规模电力用户，例如大型企业、机场和大型居民建筑群等，一般采用具有两级降压的供配电系统，供配电系统进线电压一般为35～110kV，总降压变电所将35～110kV电压降为6～10kV，由6～10kV中压配电线路将电能送到下一级变配电所（例如，车间变配电所），由下级变配电所将电压降为380/220V后给低压用电设备供电，中压设备由6～10kV母线供电。如图1-17为具有总降压变电所的，进行两级降压的供配电系统电气接线图。

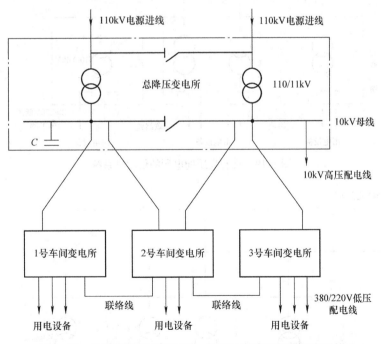

图1-17 具有总降压变电所的、进行两级降压的供配电系统

1.5.2 一级降压的供配电系统

对于中小型企业或建筑，一般采用一级降压的供配电系统。进线电压等级一般为6～10kV，一次降压后将电压降为380/220V给低压用电设备供电，如图1-18所示。也有在进

线侧设置高压配电所的系统,由高压配电所将电能分配到各个降压变电所降压,如图1-19所示。高压深入负荷中心也属于一次降压的供配电系统,当地电网电压为35kV,用户各方面条件允许采用35kV进线,由用户变配电所将35kV电压一次降为380/220V后给低压用电设备供电,如图1-20所示,该系统节约金属材料,成本低。

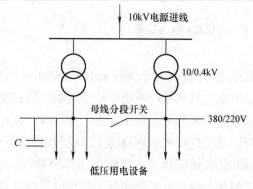

图1-18　只有一级降压变电所的供配电系统

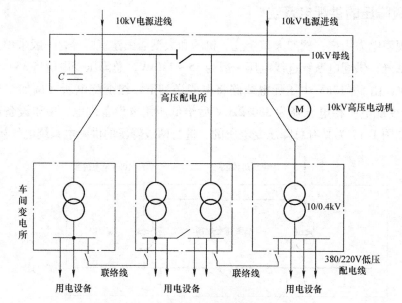

图1-19　具有高压配电所的供配电系统

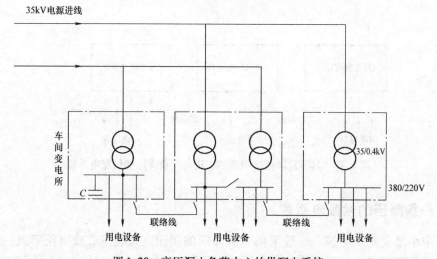

图1-20　高压深入负荷中心的供配电系统

1.5.3 低压直供的供配电系统

对于小规模电力用户,例如沿街的店铺等,可以采用 380/220V 低压进线,再由低压配电室分配电能后直接给低压用电设备供电,如图 1-21 所示。

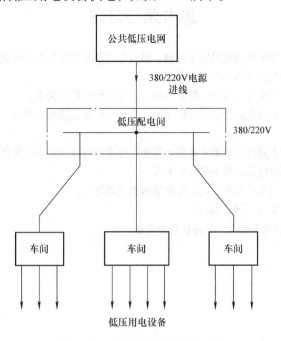

图 1-21 低压进线的供配电系统

1.6 本书主要内容

本书主要介绍供配电系统设计的基础知识和相关方法,涉及的内容包括:

1) 供配电系统的背景:即电力系统的相关知识,包括电力系统组成、中性点运行方式、低压系统接地形式等。

2) 系统正常参数和故障参数计算:包括负荷计算、功率和电能损耗计算和短路电流计算。

3) 电气设备介绍:包括电力变压器、互感器、熔断器、高低压开关电气设备和成套配电装置的结构、类型、型号和使用等。

4) 线路:包括变配电所电气主接线、配电方式、架空线路和电缆线路的结构和敷设。

5) 设备和线缆选择:介绍电气设备选择的一般方法,及各种高压开关设备、互感器和熔断器等的具体选择方法。详细讲解了线缆选择的 4 个条件:发热量、电压损失、经济电流密度和机械强度。

6) 二次回路:介绍了断路器控制和信号回路、测量回路、自动装置、二次回路接线和操作电源等二次回路基本概念。

7) 继电保护:介绍了继电器的基本结构和特性,重点以线路相间短路故障为对象讲解电流三段保护，并介绍了变压器保护方法。

8) 电气安全与防雷、接地：介绍安全用电、接地和防雷三方面内容。重点介绍接地和防雷的基本概念和保护方法。

思考题与习题

1-1 简述电力系统从发电到用电的整个过程；说出电力系统包含的4个组成部分和5个环节。

1-2 分析电力系统各个组成部分存在的必要性。

1-3 解释系统标称电压的含义及设备额定电压与系统标称电压的关系。

1-4 什么是中性点？中性点运行方式有哪几种？分析发生单相接地故障时，各种接地方式的相线对地电压和接地电流。

1-5 哪种中性点运行方式对绝缘要求最低？哪种中性点运行方式供电可靠性高？

1-6 供配电系统按照电压层次分为哪几种形式？

1-7 低压系统接地形式有哪几种？说出每种接地形式的特点。

1-8 简述 TN–S 和 TN–C 系统的区别。

1-9 N 线和 PE 线分别代表什么？简述各自的功能。

第 2 章 电力负荷与其计算

电力负荷（也称为负载）是供配电系统的服务对象，供配电系统要求为负荷提供安全、可靠和优质的电能。在设计供配电系统时，要按照正常工作时的负荷情况选择电气设备和线缆，如果电气设备和线缆选择偏大，则会增加系统成本和有色金属消耗量，并降低系统效率；如果设备和线缆选择偏小，则会使设备和线缆长期过热运行，降低设备和线缆寿命，甚至会损坏系统元件。因此，如何根据已知电力负荷情况，合理确定供配电系统负荷大小，为选择电气设备和线缆提供理论依据，是供配电系统设计的一个重要环节。本章首先介绍电力负荷的基本概念，然后介绍负荷曲线及相关参量，重点介绍负荷计算方法。

2.1 电力负荷基本概念

2.1.1 电力负荷含义

电力负荷有 3 种含义，分别指电力用户（或用电单位）、用电设备、用户或设备消耗的功率或通过的电流，应根据实际应用场合确定电力负荷代表的具体含义。

1. 电力用户

电力用户是指电能使用者，例如，一个企业、一所学校、一个建筑小区等。电力用户根据电压等级分为高压电力用户、中压电力用户和低压电力用户。高压电力用户供电容量和供电半径大，供电电压等级高，一般采用 35～110kV 供电电压。中压电力用户一般采用 10 或 20kV 供电电压。低压电力用户供电容量和供电半径较小，供电电压等级低，一般采用 220/380V 供电电压。

2. 用电设备

用电设备消耗电能转换成其他形式的能量，例如，电动机将电能转换为机械能，电暖气将电能转换为热能，照明灯具将电能转换为光能等。按照电压等级将用电设备划分为中高压用电设备和低压用电设备，以 1kV 为划分界线。

3. 功率或电流

用电设备形式多样，但是从供配电系统负荷角度来说，供配电系统关注的是负荷从系统中获取的电能需求，如果两个负荷从系统中获取的有功功率和无功功率相同，那么即使用电设备形式不同，但是对供配电系统来说，他们也是相同的电力负荷，在进行负荷计算时，电力负荷指的是功率或电流。

2.1.2 按工作制分类

电力负荷按其工作制可以分为3类。此部分电力负荷指的是用电设备。

1. 连续工作制负荷

这类设备长期连续工作，负荷比较稳定，由于工作时间足够长，所以可以达到热平衡状态，达到稳定温度。例如，通风机和照明灯等。

2. 短时工作制负荷

这类设备工作时间短，停歇时间长，工作时达不到稳定温度，停歇后可以降到环境温度。例如，商场卷帘门驱动用电动机等。

3. 断续周期工作制负荷

这类设备周期性工作，时而工作，时而停歇，且工作周期比较短，一般不超过10min，因此工作时达不到稳定温度，停歇时也降不到周围环境温度。例如，电焊机和起重机械等。对于这类设备，一般用负荷持续率ε（也称为暂载率）表示其运行特征。

$$\varepsilon = \frac{t}{T} \times 100\% = \frac{t}{t+t_0} \times 100\% \tag{2-1}$$

式中，t 表示工作时间，t_0 表示停歇时间，T 表示工作周期。

2.1.3 负荷分级

负荷分级中的电力负荷指的是电力用户或用电设备，各种电力负荷对供电可靠性要求不同，且中断供电造成的影响程度也不同，在设计供配电系统时，需要根据电力负荷的等级，设计电气主接线方案及设置备用，以满足供电要求。

国家标准 GB 50052—2009《供配电系统设计规范》对电力负荷分级方法做了明确规定。其按照电力负荷对供电可靠性要求的高低及中断供电（故障停电）在政治、经济及人身和设备安全方面产生的影响程度大小，将电力负荷分为3个等级，具体内容如下：

1. 一级负荷

一级负荷对供电可靠性要求最高，中断供电产生的影响和损失最大。符合下列情况之一者为一级负荷。

1）中断供电将在经济上造成重大损失。例如，重大设备损坏，大量产品报废。

2）中断供电将影响重要用电单位的正常工作。例如，重要的交通枢纽，重要的公共场所等单位中的重要电力负荷。

3）中断供电将造成人身伤害。一级负荷中，当中断供电将造成人员伤亡，或发生中毒、火灾和爆炸等情况的负荷，为一级负荷中特别重要的负荷。一级负荷要求由两个独立电源供电，一级负荷中特别重要的负荷还应增设应急电源，例如柴油发电机，不间断电源（UPS）。

2. 二级负荷

二级负荷对供电可靠性要求较高，中断供电产生的影响和损失较大。符合下列情况之一者为二级负荷。

1) 中断供电将在经济上造成较大损失。例如，主要设备损坏。

2) 中断供电将影响较重要用电单位的正常工作。例如，中断供电将造成大型商场等人员较多场所的秩序混乱。

二级负荷要求由两回线路供电，在负荷较小或地区供电条件困难时，可由一回 6kV 及以上的专用架空线路供电。

3. 三级负荷

所有不属于一级和二级负荷者为三级负荷，三级负荷对供电可靠性要求最低，中断供电产生的影响最小。

三级负荷对供电电源无特殊要求，可由单回线路供电。

2.2 负荷曲线

2.2.1 概念

负荷曲线用来记录电力负荷随时间的变化规律，对于已经运行的供配电系统，负荷曲线是一种重要的记录运行数据的工具。负荷曲线的纵坐标轴表示负荷值（有功功率或无功功率），横坐标轴表示对应的记录时间。

2.2.2 分类

负荷曲线有很多种分类方式。按照负荷性质分类，分为有功负荷曲线和无功负荷曲线；按照时间分类，分为年负荷曲线、月负荷曲线和日负荷曲线；按照记录对象分类，分为企业负荷曲线、车间负荷曲线和设备负荷曲线等。

1. 日负荷曲线

日负荷曲线表示电力负荷在一天（24h）内的变化情况，按照绘制方式，日负荷曲线又分为即时日负荷曲线和阶梯型日负荷曲线两种，下面以有功日负荷曲线为例进行介绍。

（1）即时日负荷曲线　表示电力负荷瞬时值随时间变化规律的曲线称为即时日负荷曲线，用功率表读取数值，标记在直角坐标系上，然后逐点连接形成即时日负荷曲线，如图 2-1a 所示。

（2）阶梯型日负荷曲线　阶梯型日负荷曲线按照固定的时间间隔读取功率值，两次读数之间的时间间隔内功率值保持不变，等于前一次读数值，例如 10 点钟有功功率为 500kW，11 点钟有功功率为 550kW，那么 10~11 点之间的功率值保持为 10 点时的功率值 500kW 不变。时间间隔可以是 5min、10min、30min 或 1h 等，一般采用 30min 作为读数间隔。图 2-1b 为阶梯型有功日负荷曲线。

2. 年负荷曲线

年负荷曲线表示电力负荷在一年（8760h）内的变化情况，一般有年最大负荷曲线和年负荷持续曲线两种。

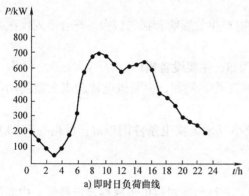
a) 即时日负荷曲线

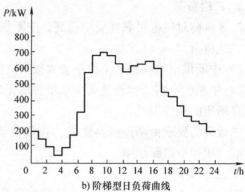
b) 阶梯型日负荷曲线

图2-1　有功日负荷曲线

(1) 年最大负荷曲线　将每月的最大负荷值标记在直角坐标系上，描点而成的曲线为年最大负荷曲线。年最大负荷曲线的横轴以一年的12个月份划分，如图2-2所示。可以根据年最大负荷曲线所表示的负荷变化情况，在具有多台电力变压器的变电所中，调整变压器的投入台数，减小损耗，提高系统效率。

(2) 年负荷持续曲线　年负荷持续曲线不是原始记录数据，而是统计整理后得到的结果。其以每种电力负荷值为单元，统计每种负荷值在一年内累积出现的时长，按照负荷值由大到小的顺序排列，将统计结果记录在直角坐标系上，所以横坐标表示的不是时刻，而是时间长度，如图2-3所示。

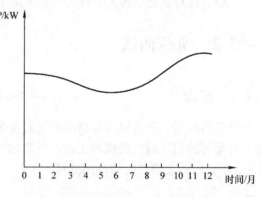

图2-2　年最大负荷曲线

一般以典型日负荷曲线近似的代替实际日负荷曲线。典型的日负荷曲线主要有夏日典型日负荷曲线和冬日典型日负荷曲线，然后根据当地的地理和气象条件，确定一年内夏日和冬日天数，例如北方冬日200天，夏日165天，南方冬日165天，夏日200天。下面介绍根据典型日负荷曲线绘制年负荷持续曲线的过程。

图2-4a和b分别为北方某厂典型冬日负荷曲线和典型夏日负荷曲线。从典型日负荷曲线上可以看出，每天有很多种负荷值大

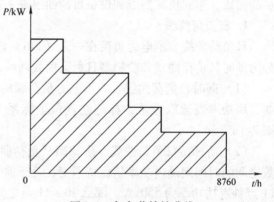

图2-3　年负荷持续曲线

小，统计每种负荷值在夏日一天内累积出现的时间，乘以一年内夏日出现的天数，然后统计每种负荷值在冬日一天内累积出现的时间，乘以一年内冬日出现的天数，求总和即是这种负荷值在一年内累积出现的时长，对每种负荷值都做相似的处理，最后得到年负荷持续曲线。图2-4

中给出了 3000kW 负荷值统计的过程，t_1 和 t_2 表示该负荷值在冬日出现的两个时长，t_3 表示该负荷值在夏日出现的时长，T_1 表示一年内累积出现的时长，$T_1 = 200(t_1 + t_2) + 165t_3$。

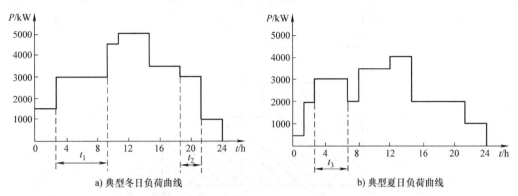

图 2-4 某厂典型日负荷曲线

2.2.3 有关参量

负荷曲线主要可以直观描述负荷随时间的变化情况，以及每种负荷值在全年累积出现的时长，此外还可以从负荷曲线上提取出很多的负荷信息，下面以有功负荷为例介绍负荷曲线有关参量。

1. 最大负荷和最小负荷

最大和最小负荷是指负荷曲线的最大值和最小值，分别用 P_{max} 和 P_{min} 表示，这两个参量能够表达负荷的变化范围。

2. 峰值和谷值时刻

峰值和谷值时刻表示最大和最小负荷值出现的时刻。

3. 平均负荷

平均负荷 P_{av} 是一个恒定负荷值，其在时间 T 内消耗的电能等于实际负荷在这段时间内消耗的电能，即

$$P_{av} \cdot T = W_T = \int_0^T p(t)\,dt \tag{2-2}$$

式中，W_T 表示实际负荷在时间 T 内消耗的电能，$p(t)$ 表示实际负荷值，其是时间的函数。

4. 负荷系数

负荷系数 α 等于平均负荷与最大负荷的比值，即

$$\alpha = \frac{P_{av}}{P_{max}} \tag{2-3}$$

负荷系数表示负荷的波动程度，负荷系数越大，表示负荷波动越平缓。当负荷系数取极限值 1 时，平均负荷等于最大负荷，表示负荷值保持恒定值不变。

5. 年最大负荷利用小时数

年最大负荷利用小时数 T_{max} 是一个假想时间，假设负荷值始终保持最大值 P_{max} 不变，那么在 T_{max} 内消耗的电能等于实际负荷在一年内消耗的总电能，如图 2-5 所示，即

$$P_{max} \cdot T_{max} = W_{8760} = \int_0^{8760} p(t)\,dt \tag{2-4}$$

式中，W_{8760} 表示实际负荷在一年内消耗的总电能。年最大负荷利用小时数表示设备利用率高低，数值越大，设备利用率越高。

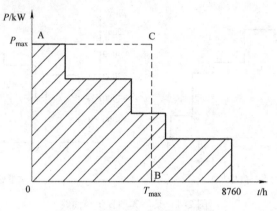

图 2-5　年最大负荷利用小时数

2.3　负荷计算

2.3.1　计算负荷的来源和概念

1. 计算负荷来源

在设计供配电系统时，需要根据系统所带负荷情况选择系统设备和线缆。负荷是变化的，需要按照最大负荷配置设备容量和线缆截面积。可见，确定最大负荷值是合理选择设备和线缆的关键环节。

负荷对供配电系统产生很多效应，例如，电压降落、电能损失、电动力效应和热效应等，工程上将热效应作为衡量负荷大小的一个指标。图 2-6 为导体温度随时间变化的规律。

在图 2-6 中，t_0 表示导体通电时刻，τ 为温升时间常数，一般取 10min，从图中可以看出，当通电时间达到 3τ（30min）以上时，导体达到最高温度，其热效应得以体现。如果两种负荷值持续时间都超过了 30min，那么负荷值大的那一个温度较高，如果一种负荷值大，持续时间短，另一种负荷值小，但是持续时间长，则无法直接判断哪个是较大的负荷。

工程上根据温升特性和热效应等效原则，提出了计算负荷概念，用于直接表示负荷大小。

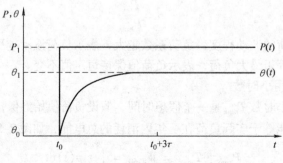

图 2-6　导体温升特性

2. 计算负荷概念

计算负荷是一个假想的恒定负荷，其产生的热效应与实际负荷产生的最大热效应相等。计算负荷包括有功计算负荷 P_{30}、无功计算负荷 Q_{30}、视在计算负荷 S_{30} 和计算电流 I_{30}。对于已经运行的系统，由于负荷曲线已记录其运行数据，所以可以从负荷曲线上读出其计算负荷。根据温升特性可知，负荷值持续时间超过 30min，可达到稳定温升，所以将 30min 平均负荷的最大值作为计算负荷。对于阶梯型负荷曲线来说，可以用 30min 作为时间间隔，每个间隔内功率值都是常数，那么最大的功率值就是计算负荷。

2.3.2 需要系数法

对于设计中的供配电系统，需要根据已有用电设备情况进行计算负荷估算，确定计算负荷的方法有很多，不同的方法适用于不同的场合和对象，本节主要介绍需要系数法和二项式系数法。

需要系数法简单、应用广泛，适用于设备台数较多且容量差别不大的场合。需要系数法应用的前提是有前期的工作基础。首先对已经运行的系统和设备进行调查分析，根据设备性质将其进行分组，得出各组设备的设备容量总和与计算负荷之间的关系，然后将此规律系数列于表中。在此基础上，设计一个新的供配电系统时，根据系统所带负荷的性质，查表获取规律系数，利用公式就可估算出计算负荷。

1. 需要系数

需要系数是根据负荷实际运行情况，表征计算负荷和设备组设备容量总和之间关系的一个规律系数，需要系数用 K_d 表示，定义公式如下：

$$K_d = \frac{k_f k_0}{\eta_c \eta} \tag{2-5}$$

式中，k_f 表示加权平均负荷系数；k_0 表示同时运行系数；η_c 表示线路供电效率；η 表示用电设备组的加权平均效率。

下面分别对以上几个系数进行简单解释。

（1）加权平均负荷系数 k_f　是由于在最大负荷期间，运行的设备不一定都是满负荷运行而存在的一个系数。各台设备负荷系数不同，需要乘以设备容量求取加权值，得到加权平均负荷系数。

（2）同时运行系数 k_0　是由于各台设备不一定同时运行而存在的一个系数，其等于最大负荷期间，运行设备的容量与总的设备容量的比值。

（3）线路供电效率 η_c　线路通过电流会产生损耗，此损耗由供配电系统来提供，此系数表征设备需要的功率和供配电系统提供的功率之间的关系。

（4）用电设备组的加权平均效率 η　由于一些设备（例如电动机）的额定功率指的是输出功率，而供配电系统提供的或者说电动机从系统获取的是输入功率，因此需要将额定功率除以效率，得到从系统获取的功率值。各台设备效率可能不同，因此需要乘以设备容量计算加权平均效率。

需要系数是一个经验值，其除了取决于设备工作性质、设备台数之外，还取决于很多其他因素，应根据实际情况对其进行调整，各种用电设备组的需要系数列于表 2-1 中。

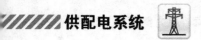

表 2-1　用电设备组的 K_d、$\cos\varphi$ 及 $\tan\varphi$

用电设备组名称	需要系数 K_d	$\cos\varphi$	$\tan\varphi$
小批生产的金属冷加工机床	0.16~0.2	0.5	1.73
大批生产的金属冷加工机床	0.18~0.25	0.5	1.73
小批生产的金属热加工机床	0.25~0.3	0.6	1.33
大批生产的金属热加工机床	0.3~0.35	0.65	1.17
通风机、水泵、空压机及电动发电机组电动机	0.7~0.8	0.8	0.75
非连锁的连续运输机械及铸造车间整砂机械	0.5~0.6	0.75	0.88
连锁的连续运输机械及铸造车间整砂机械	0.65~0.7	0.75	0.88
锅炉房和机加工、机修、装配等类车间的吊车（$\varepsilon=25\%$）	0.1~0.15	0.5	1.73
铸造车间的吊车（$\varepsilon=25\%$）	0.15~0.25	0.5	1.73
自动连续装料的电阻炉设备	0.75~0.8	0.95	0.33
非自动连续装料的电阻炉设备	0.65~0.7	0.95	0.33
实验室用的小型电热设备（电阻炉、干燥箱等）	0.7	1.0	0
工频感应电炉（未带无功补偿装置）	0.8	0.35	2.68
高频感应电炉（未带无功补偿装置）	0.8	0.6	1.33
电弧熔炉	0.9	0.87	0.57
电焊机、缝焊机	0.35	0.6	1.33
对焊机、铆钉加热机	0.35	0.7	1.02
自动弧焊变压器	0.5	0.4	2.29
单头手动弧焊变压器	0.35	0.35	2.68
多头手动弧焊变压器	0.4	0.35	2.68
单头弧焊电动发电机组	0.35	0.6	1.33
单多头弧焊电动发电机组	0.7	0.75	0.88
生产厂房及办公室、阅览室、实验室照明	0.8~1	—	0
变配电所、仓库照明	0.5~0.7	1.0	0
宿舍（生活区）照明	0.6~0.8	1.0	0
室外照明、应急照明	1	1.0	0

2. 设备容量

用电设备的铭牌功率指的是额定功率 P_r，由于用电设备组中的各台设备可能工作于不同的工作方式，而不同工作制下的功率不能直接相加求总和，因此需要将额定功率统一换算到同一工作制下，换算后的功率称为设备容量 P_N（或设备功率）。

(1) 断续周期工作制设备换算关系　一台设备的额定功率为 P_r，额定暂载率为 ε_r，设备容量为 P_N，其对应的暂载率为 ε_N，根据换算前后发热量相等关系，得到设备容量和额定功率之间的关系为

$$P_N = \sqrt{\frac{\varepsilon_r}{\varepsilon_N}} P_r \tag{2-6}$$

(2)电焊机组的设备容量要求　要求统一换算到 $\varepsilon_N = 100\%$，即

$$P_N = P_r \sqrt{\varepsilon_r} = S_r \cos\varphi \sqrt{\varepsilon_r} \tag{2-7}$$

式中，P_r 为电焊机的额定有功功率；S_r 为额定视在功率。

(3)起重机电动机组的设备容量要求　要求统一换算到 $\varepsilon_N = 25\%$，即

$$P_N = 2P_r \sqrt{\varepsilon_r} \tag{2-8}$$

(4)连续工作制设备组的设备容量要求　设备容量和额定功率相等，即

$$P_N = P_r \tag{2-9}$$

(5)照明设备组的设备容量要求　应考虑镇流器的功率损失。

白炽灯：

$$P_N = P_r \tag{2-10}$$

荧光灯：

$$P_N = 1.2 P_r \tag{2-11}$$

高压汞灯等：

$$P_N = 1.1 P_r \tag{2-12}$$

例 2-1　已知一个电葫芦的额定功率为 $P_r = 5\text{kW}$，额定暂载率 $\varepsilon_r = 40\%$，试计算该设备的设备容量。

解： 电葫芦按照起重机电动机组的设备容量要求进行换算，即将设备容量换算到 $\varepsilon_N = 25\%$ 时的功率。

$$P_N = 5 \times \sqrt{\frac{40\%}{25\%}} \text{kW} = 6.3\text{kW}$$

3. 需要系数法步骤

利用需要系数法计算时，首先将用电设备进行分组，计算每组设备的计算负荷，然后计算所有设备总的计算负荷。对于每个用电设备组来说，需要将铭牌功率换算为设备容量求总和，然后根据设备性质查表得到需要系数 K_d 和相关参数 $\tan\varphi$、$\cos\varphi$，根据式（2-13）求取计算负荷

$$\begin{cases} P_{30} = K_d \cdot \sum P_{N \cdot i} \\ Q_{30} = P_{30} \cdot \tan\varphi \\ S_{30} = \sqrt{P_{30}^2 + Q_{30}^2} \\ I_{30} = \dfrac{S_{30}}{\sqrt{3} U_N} \end{cases} \tag{2-13}$$

式中，$\sum P_{N \cdot i}$ 表示用电设备组设备容量之和；$P_{N \cdot i}$ 表示每台设备的设备容量；U_N 表示用电设备组所在系统标称电压，单位为 kV；P_{30} 是有功计算负荷，单位为 kW；Q_{30} 是无功计算负荷，单位为 kvar；S_{30} 是视在计算负荷，单位为 kV·A；I_{30} 是计算电流，单位为 A。

对于单台用电设备来说，考虑到该设备总有满负荷运行的情况，因此

$$P_{30} = P_N / \eta \tag{2-14}$$

每组用电设备的计算负荷确定之后，即可求取所有设备总的计算负荷。由于每组设备最大负荷出现的时刻一般不同，总的计算负荷比各组设备计算负荷总和要小，因此给出一个参

差系数（同时系数）表明此现象。总计算负荷如下

$$\begin{cases} P_{30 \cdot \Sigma} = K_{P \cdot \Sigma} \cdot \sum P_{30 \cdot i} \\ Q_{30 \cdot \Sigma} = K_{Q \cdot \Sigma} \cdot \sum Q_{30 \cdot i} \\ S_{30 \cdot \Sigma} = \sqrt{P_{30 \cdot \Sigma}^2 + Q_{30 \cdot \Sigma}^2} \\ I_{30 \cdot \Sigma} = \dfrac{S_{30 \cdot \Sigma}}{\sqrt{3} U_N} \end{cases} \quad (2-15)$$

式中，$P_{30 \cdot \Sigma}$ 是所有用电设备组总的有功计算负荷，单位为 kW；$Q_{30 \cdot \Sigma}$ 是总的无功计算负荷，单位为 kvar；$S_{30 \cdot \Sigma}$ 是总的视在计算负荷，单位为 kV·A；$I_{30 \cdot \Sigma}$ 是总的计算电流，单位为 A。$P_{30 \cdot i}$ 和 $Q_{30 \cdot i}$ 为每个用电设备组的有功计算负荷和无功计算负荷，$K_{P \cdot \Sigma}$ 和 $K_{Q \cdot \Sigma}$ 为有功和无功参差系数（同时系数），对于配电干线，$K_{P \cdot \Sigma}$ 一般取值为 0.8~0.9，对于变电所，$K_{P \cdot \Sigma}$ 一般取值为 0.85~1；对于配电干线，$K_{Q \cdot \Sigma}$ 一般取 0.93~0.97，对于变电所，$K_{Q \cdot \Sigma}$ 一般取 0.95~1。

例 2-2 一机修车间的 380V 线路上，接有如下 3 组设备，试用需要系数法求各个用电设备组和所有用电设备组总的计算负荷。有功功率同时系数为 0.8，无功功率同时系数为 0.95。

1 组：小批量生产金属冷加工机床用电动机，7.5kW 的 1 台，5kW 的 2 台，3.5kW 的 7 台。

2 组：水泵和通风机，7.5kW 的 2 台，5kW 的 7 台。

3 组：非连锁运输机，5kW 的 2 台，3.5kW 的 4 台。

解： 查表 2-1 可得各设备组的数据为

1 组：$K_{d \cdot 1} = 0.2$，$\cos\varphi_1 = 0.5$，$\tan\varphi_1 = 1.73$。

2 组：$K_{d \cdot 2} = 0.75$，$\cos\varphi_2 = 0.8$，$\tan\varphi_2 = 0.75$。

3 组：$K_{d \cdot 3} = 0.6$，$\cos\varphi_3 = 0.75$，$\tan\varphi_3 = 0.88$。

各设备组的计算负荷如下：

1 组：

$$\begin{cases} P_{30 \cdot 1} = K_{d \cdot 1} \cdot \sum P_N = 0.2 \times (1 \times 7.5 + 2 \times 5 + 7 \times 3.5) \text{kW} = 8.4 \text{kW} \\ Q_{30 \cdot 1} = P_{30 \cdot 1} \cdot \tan\varphi_1 = 8.4 \times 1.73 \text{kvar} = 14.5 \text{kvar} \\ S_{30 \cdot 1} = \sqrt{P_{30 \cdot 1}^2 + Q_{30 \cdot 1}^2} = \sqrt{8.4^2 + 14.5^2} \text{kV} \cdot \text{A} = 16.8 \text{kV} \cdot \text{A} \\ I_{30 \cdot 1} = \dfrac{S_{30 \cdot 1}}{\sqrt{3} U_N} = \dfrac{16.8}{\sqrt{3} \times 0.38} \text{A} = 25.5 \text{A} \end{cases}$$

2 组：

$$\begin{cases} P_{30 \cdot 2} = K_{d \cdot 2} \cdot \sum P_N = 0.75 \times (2 \times 7.5 + 7 \times 5) \text{kW} = 37.5 \text{kW} \\ Q_{30 \cdot 2} = P_{30 \cdot 2} \cdot \tan\varphi_2 = 37.5 \times 0.75 \text{kvar} = 28.2 \text{kvar} \\ S_{30 \cdot 2} = \sqrt{P_{30 \cdot 2}^2 + Q_{30 \cdot 1}^2} = \sqrt{37.5^2 + 28.2^2} \text{kV} \cdot \text{A} = 47 \text{kV} \cdot \text{A} \\ I_{30 \cdot 2} = \dfrac{S_{30 \cdot 2}}{\sqrt{3} U_N} = \dfrac{47}{\sqrt{3} \times 0.38} \text{A} = 71.4 \text{A} \end{cases}$$

3 组：

$$\begin{cases} P_{30\cdot 3} = K_{d\cdot 3} \cdot \sum P_N = 0.6 \times (2 \times 5 + 4 \times 3.5)\text{kW} = 14.4\text{kW} \\ Q_{30\cdot 3} = P_{30\cdot 3} \cdot \tan\varphi_3 = 14.4 \times 0.88\text{kvar} = 12.7\text{kvar} \\ S_{30\cdot 3} = \sqrt{P_{30\cdot 3}^2 + Q_{30\cdot 3}^2} = \sqrt{14.4^2 + 12.7^2}\text{kV}\cdot\text{A} = 19.2\text{kV}\cdot\text{A} \\ I_{30\cdot 3} = \dfrac{S_{30\cdot 3}}{\sqrt{3}U_N} = \dfrac{19.2}{\sqrt{3} \times 0.38}\text{A} = 29.2\text{A} \end{cases}$$

设备组总的计算负荷为：

$$\begin{cases} P_{30\cdot\Sigma} = K_{\Sigma P} \cdot \sum_{i=1}^{3} P_{30\cdot i} = 0.8 \times (8.4 + 37.5 + 14.4)\text{kW} = 48.2\text{kW} \\ Q_{30\cdot\Sigma} = Q_{\Sigma P} \cdot \sum_{i=1}^{3} Q_{30\cdot i} = 0.95 \times (14.5 + 28.2 + 12.7)\text{kvar} = 52.6\text{kvar} \\ S_{30\cdot\Sigma} = \sqrt{P_{30\cdot\Sigma}^2 + Q_{30\cdot\Sigma}^2}\text{kV}\cdot\text{A} = 71.3\text{kV}\cdot\text{A} \\ I_{30\cdot\Sigma} = \dfrac{S_{30\cdot\Sigma}}{\sqrt{3}U_N} = \dfrac{71.3}{\sqrt{3} \times 0.38}\text{A} = 108.4\text{A} \end{cases}$$

工程上为了便于审核，一般将计算结果列于表格中，见表 2-2。

表 2-2　机修车间电力负荷计算表

序号	用电设备组名称	台数	设备容量/kW	K_d	$\cos\varphi$	$\tan\varphi$	计算负荷 P_{30}/kW	计算负荷 Q_{30}/kvar	计算负荷 S_{30}/kV·A
1	小批量生产金属冷加工机床用电动机	10	42	0.2	0.5	1.73	8.4	14.5	16.8
2	水泵和通风机	9	50	0.75	0.8	0.75	37.5	28.2	47
3	非连锁运输机	6	24	0.6	0.75	0.88	14.4	12.7	19.2
负荷总计		25	—	—	—	—	60.3	55.4	
			$K_{P\cdot\Sigma}=0.8, K_{Q\cdot\Sigma}=0.95$			—	48.2	52.6	71.3

2.3.3　二项式系数法

二项式系数法适用于设备台数少，且设备容量差别大的场合。二项式系数法计算公式如下：

$$\begin{cases} P_{30} = b\sum P_{N\cdot i} + cP_x \\ Q_{30} = P_{30} \cdot \tan\varphi \\ S_{30} = \sqrt{P_{30}^2 + Q_{30}^2} \\ I_{30} = \dfrac{S_{30}}{\sqrt{3}U_N} \end{cases} \quad (2\text{-}16)$$

式中，b 和 c 为二项式系数；x 为用电设备组中容量最大的设备台数；P_x 为最大 x 台设备的设备容量总和，见表 2-3。

从式 (2-16) 可以看出，有功计算负荷包含两项，第一项为均值项，其表达式形式与需要系数法相似，但是系数不同，第二项是考虑 x 台最大容量设备的附加项。

当用二项式系数法计算多组用电设备总的计算负荷时，将各组的均值项分别相加求总和，选取各组中附加项最大值作为总计算负荷的附加项，计算公式如下：

$$\begin{cases} P_{30 \cdot \Sigma} = \sum (b \sum P_{N \cdot i})_j + \max\{(cP_x)_j\} \\ Q_{30 \cdot \Sigma} = \sum (b\tan\varphi \cdot \sum P_{N \cdot i})_j + \max\{(cP_x \cdot \tan\varphi)_j\} \\ S_{30 \cdot \Sigma} = \sqrt{P_{30 \cdot \Sigma}^2 + Q_{30 \cdot \Sigma}^2} \\ I_{30 \cdot \Sigma} = \dfrac{S_{30 \cdot \Sigma}}{\sqrt{3}U_N} \end{cases} \quad (2\text{-}17)$$

式中，$(b \sum P_{N \cdot i})_j$ 为第 j 组设备的有功均值项，$(cP_x)_j$ 为第 j 组设备的有功附加项，$(b\tan\varphi \cdot \sum P_{N \cdot i})_j$ 为第 j 组设备的无功均值项，$(cP_x \cdot \tan\varphi)_j$ 为第 j 组设备的无功附加项。

表 2-3　用电设备组的二项式系数 b、c、x 及 $\cos\varphi$ 和 $\tan\varphi$

负荷种类	用电设备组名称	二项式系数			$\cos\varphi$	$\tan\varphi$
		b	c	x		
金属切削机床	小批及单件金属冷加工	0.14	0.4	5	0.5	1.73
	大批及流水生产的金属冷加工	0.14	0.5	5	0.5	1.73
	大批及流水生产的金属热加工	0.26	0.5	5	0.65	1.16
长期运转机械	通风机、水泵、电动机	0.65	0.25	5	0.8	0.75
铸工车间连续运输及整砂机械	非连锁连续运输及整砂机械	0.4	0.4	5	0.75	0.88
	连锁连续运输及整砂机械	0.6	0.2	5	0.75	0.88
反复短时负荷	锅炉、装配、机修的起重机	0.06	0.2	3	0.5	1.73
	铸造车间的起重机	0.09	0.3	3	0.5	1.73
	平炉车间的起重机	0.11	0.3	3	0.5	1.73
	压延、脱模、修整间的起重机	0.18	0.3	3	0.5	1.73
电热设备	定期装料电阻炉	0.5	0.5	1	1	0
	自动连续装料电阻炉	0.7	0.3	2	1	0
	实验室小型干燥箱、加热器	0.7	—	—	1	0
	熔炼炉	0.9	—	—	0.87	0.56
	工频感应炉	0.8	—	—	0.35	2.67
	高频感应炉	0.8	—	—	0.6	1.33
焊接设备	单头手动弧焊变压器	0.35	—	—	0.35	2.67
	多头手动弧焊变压器	0.7~0.9	—	—	0.75	0.88
	电焊机及缝焊机	0.5	—	—	0.5	1.73
	对焊机	0.35	—	—	0.6	1.33
	平焊机	0.35	—	—	0.7	1.02
	铆钉加热器	0.7	—	—	0.65	1.16
	单头直流弧焊机	0.35	—	—	0.6	1.33
	多头直流弧焊机	0.5~0.9	—	—	0.65	1.16
电镀	硅整流装置	0.5	0.35	3	0.75	0.88

2.4 损耗计算

供配电系统中的变压器、线路和配电设备（例如，断路器和隔离开关）等在通过电流时会产生损耗，此部分损耗也由供配电系统来提供，因此在选择设备和线缆时需要计入这些损耗。其中变压器和线路损耗较大，而配电设备产生的损耗较小，可根据变压器和线路损耗进行估算，下面主要介绍变压器和线路损耗计算方法。另外电能损耗越大，系统效率越低，因此需找出电能损耗的影响因素，研究降低电能损耗的方法，提高系统效率。

2.4.1 功率损耗计算

1. 线路的功率损耗

由于负荷随时间变化，因此电流通过三相线路产生的有功功率损耗和无功功率损耗也是随时间变化的，下面给出最大功率损耗计算公式，即计算电流通过三相线路产生的功率损耗。

$$\begin{cases} \Delta P_{L.max} = 3 \times I_{30}^2 R \times 10^{-3} \\ \Delta Q_{L.max} = 3 \times I_{30}^2 X \times 10^{-3} \end{cases} \tag{2-18}$$

式中，$\Delta P_{L.max}$ 和 $\Delta Q_{L.max}$ 分别表示三相线路产生的最大有功功率损耗和最大无功功率损耗，单位分别为 kW 和 kvar；R 和 X 分别表示线路每相的电阻和电抗，单位为 Ω；计算电流 I_{30} 单位为 A。

2. 变压器的功率损耗

变压器的功率损耗包括铁耗和铜耗两部分，铁耗与负荷大小无关，当外加电压恒定时，铁耗保持不变；铜耗与负荷大小有关，与电流二次方成正比。下面首先通过变压器空载和短路试验，简单介绍变压器损耗计算中涉及的相关参量的含义，然后给出变压器损耗计算公式。

（1）变压器空载试验　变压器空载试验接线图及等效电路图如图 2-7 所示。

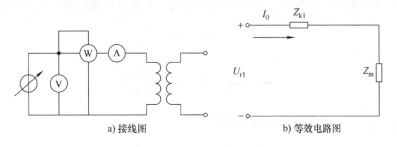

a）接线图　　　　b）等效电路图

图 2-7　变压器空载试验

在空载试验中，将二次侧开路，调节一次侧电压达到一次额定电压 U_{r1}，此时功率表读数为 ΔP_0，称为空载有功损耗，也是电路输入功率，由于空载电流 I_0（即电流表读数，也称为励磁电流）很小，一次绕组上的铜损耗可忽略不计，因此 ΔP_0 近似等于额定电压时的铁损耗。

空载无功损耗 ΔQ_0 一般远大于空载有功损耗，工程上一般按照下式进行估算：

$$\Delta Q_0 \approx S_0 = U_{r1} I_0 = U_{r1} I_{r1} \frac{I_0}{I_{r1}} = S_r \frac{I_0\%}{100} \tag{2-19}$$

式中，S_0 为空载时输入视在功率；S_r 为变压器额定容量；I_{r1} 为变压器一次侧额定电流；$I_0\%$ 为励磁电流百分数，其定义公式如下：

$$I_0\% = \frac{I_0}{I_{r1}} \times 100 \tag{2-20}$$

（2）变压器短路试验　变压器短路试验接线图及等效电路图如图2-8所示。

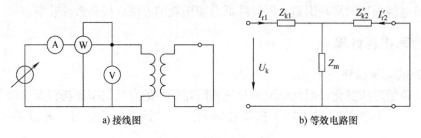

图2-8　变压器短路试验

在变压器短路试验中，将二次侧短路，一次侧电流调节到额定值 I_{r1}，此时的输入功率 ΔP_k，称为短路有功损耗（有功功率表读数），输入电压 U_k，称为短路电压，由于短路时输入电压很低，因此铁损耗很小，短路有功损耗 ΔP_k 近似等于额定负载时的铜损耗。

短路无功损耗 ΔQ_0 一般远大于短路有功损耗，工程上一般按照下式进行估算：

$$\Delta Q_k \approx S_k = U_k I_{r1} = U_{r1} I_{r1} \frac{U_k}{U_{r1}} = S_r \frac{U_k\%}{100} \tag{2-21}$$

式中，S_k 为短路时输入视在功率；$U_k\%$ 为短路电压百分数，其定义公式如下：

$$U_k\% = \frac{U_k}{U_{r1}} \times 100 \tag{2-22}$$

（3）变压器功率损耗计算　虽然变压器铁损与负荷大小无关，但是铜损随负荷变化而变化，所以负荷变化时，变压器总损耗会发生变化，下面给出变压器最大损耗计算公式：

$$\begin{cases} \Delta P_{T.\max} = \Delta P_0 + \Delta P_k \left(\frac{S_{30}}{S_r}\right)^2 \\ \Delta Q_{T.\max} = \Delta Q_0 + \Delta Q_k \left(\frac{S_{30}}{S_r}\right)^2 \end{cases} \tag{2-23}$$

式中，$\Delta P_k \left(\frac{S_{30}}{S_r}\right)^2$ 表示最大负荷对应的铜损。

2.4.2　电能损耗计算

1. 年最大负荷损耗小时数

由于功率损耗是随时间变化的，因此年电能损耗是由功率损耗在一年内对时间积分得到的。工程上为了简化计算，提出了年最大负荷损耗小时数 τ，其是一个假想时间，假设功率损耗始终保持最大值不变，那么在时间 τ 内产生的电能损耗，等于实际负荷在一年内产生的电能损耗。

年最大负荷损耗小时数 τ 与年最大负荷利用小时数 $T_{\max}$ 和功率因数 $\cos\varphi$ 有关,当 $\cos\varphi$ 不变时,$T_{\max}$ 越大,τ 越大;当 $T_{\max}$ 不变时,$\cos\varphi$ 越小,τ 越大。

2. 线路的电能损耗

线路年电能损耗用最大功率损耗和年最大负荷损耗小时数进行计算。

$$\Delta W_{\mathrm{L}} = \Delta P_{\mathrm{L.max}}\tau \tag{2-24}$$

式中,ΔW_{L} 表示线路年电能损耗,单位为 $\mathrm{kW\cdot h}$。

3. 变压器的电能损耗

变压器的电能损耗按照铁损和铜损分别计算。

$$\Delta W_{\mathrm{T}} = \Delta P_0 T_{\mathrm{j}} + \Delta P_{\mathrm{k}}\left(\frac{S_{30}}{S_{\mathrm{r}}}\right)^2 \tau \ (\mathrm{kW\cdot h}) \tag{2-25}$$

式中,ΔW_{T} 表示变压器年电能损耗;T_{j} 表示变压器全年在网运行时间。

2.5 无功功率补偿

1. 功率因数

无功功率在电源和负荷之间交换,其不能像有功功率那样,被设备消耗转换为其他能量,但是依靠电磁感应原理工作的设备,例如变压器和电动机,要利用无功功率建立磁场,实现能量传递和转换,因此无功功率也非常重要。但是当无功功率通过电网元件时,会增加电能损耗和电压损失,并增加所选设备容量,因此必须采取措施减小无功功率。

无功功率大小通常用功率因数 $\cos\varphi$ 来衡量,功率因数表示有功功率所占比重,其定义公式如下:

$$\cos\varphi(t) = \frac{P(t)}{S(t)} = \frac{P(t)}{\sqrt{P^2(t)+Q^2(t)}} \tag{2-26}$$

式中,$\cos\varphi(t)$ 表示功率因数瞬时值;$P(t)$、$Q(t)$ 和 $S(t)$ 分别表示负荷的有功功率、无功功率和视在功率瞬时值。

当负荷需要的有功功率不变时,功率因数越大,无功功率越小,因此减小无功功率即是提高功率因数。

工程上用平均功率因数 $\cos\varphi_{\mathrm{av}}$ 作为考核用户供配电系统功率因数的指标,其定义公式如下:

$$\cos\varphi_{\mathrm{av}} = \frac{W_{\mathrm{P}}}{\sqrt{W_{\mathrm{P}}^2 + W_{\mathrm{Q}}^2}} \tag{2-27}$$

式中,W_{P} 和 W_{Q} 表示一定时期内的总的有功电能和无功电能。

对于已经运行的系统,电力部门定期读表,计算平均功率因数,并与标准进行比较。电力公司要求 10kV 以上用户平均功率因数不低于 0.9,0.38kV 用户平均功率因数不低于 0.85。对于工业企业,电力公司按月收取电费,并根据功率因数高低调整电费。

对于设计中的供配电系统,没有运行数据,需要根据计算负荷进行估算。

$$\cos\varphi_{\mathrm{av}} = \frac{P_{\mathrm{av}}t}{\sqrt{(P_{\mathrm{av}}t)^2 + (Q_{\mathrm{av}}t)^2}} \frac{\alpha P_{30}}{\sqrt{(\alpha P_{30})^2 + (\beta Q_{30})^2}} \tag{2-28}$$

式中，α 和 β 表示有功负荷系数和无功负荷系数；P_{av} 和 Q_{av} 为平均负荷；t 为对应时间。

2. 无功功率补偿

如果功率因数没有达到标准要求，则应采取措施减小无功功率，提高系统功率因数。首先应该考虑提高自然功率因数，如：选择功率因数较大的设备；设备运行时，尽量接近满负荷状态。如果提高自然功率因数后，系统功率因数仍然不满足要求，则需采用人工补偿的方式。无功功率补偿方式有很多，输发变电系统主要采用同步电机进行无功补偿，供配电系统多采用电力电容装置进行无功补偿，现在新兴的电力电子装置补偿效果更好，可兼顾谐波补偿和无功补偿，且可实现连续调节。下面主要介绍电容补偿方式。

(1) 补偿容量 首先根据计算点的功率因数 $\cos\varphi_1$（正切值 $\tan\varphi_1$）和标准要求的功率因数 $\cos\varphi_2$（正切值 $\tan\varphi_2$）计算补偿容量 Q_{CC}。补偿前后计算公式如下：

$$\tan\varphi_1 = \frac{Q_{av}}{P_{av}} = \frac{\beta Q_{30}}{\alpha P_{30}} \tag{2-29}$$

$$\tan\varphi_2 = \frac{\beta Q_{30} - Q_{CC}}{\alpha P_{30}} \tag{2-30}$$

根据式（2-29）和式（2-30）可得补偿容量为

$$Q_{CC} = \alpha P_{30}(\tan\varphi_1 - \tan\varphi_2) \tag{2-31}$$

(2) 电容器数量 补偿容量 Q_{CC} 是由多个电容器共同实现的，设单台电容器容量为 Q_r，则所需电容器台数为

$$n \geq \frac{Q_{CC}}{Q_r} \tag{2-32}$$

式（2-32）计算所得结果不一定是整数，所以 n 向上取整，如果是单相变压器，为了实现三相补偿均衡，n 还需要是 3 的倍数。

(3) 电容装置接线 三相电力电容器在供配电系统中有两种接线方式，丫接法和△接法，如图 2-9 所示。

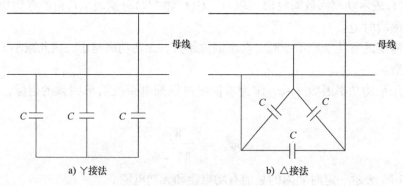

图 2-9 电容补偿装置接线

由于△接法时，电容上加的是线电压，相同容抗条件下，其补偿容量更大。而丫接法时，电容上加的是相电压，补偿容量小。但是△接法，当电容发生击穿短接时，会造成相间短路，虽然单个电容发生故障的概率不高，但是由于电容数量较大，增加了总体故障概率。而丫接法，电容击穿短接，只会使正常电容的电压由相电压增加为线电压，不会造成相间短路。因此，10kV 以上系统采用丫接法，0.38kV 系统采用△接法。

(4) 安装地点　电容装置有多种不同的安装位置，安装位置不同，补偿效果和补偿负荷范围都不同，越靠近负荷侧，电网受益补偿效果的范围越大，受补偿的负荷范围越小，一般有以下3种方式：

1) 分散就地补偿：在用电设备附近安装电容补偿装置，一对一进行补偿，这种方式电网受益范围最大，但是补偿装置利用率低，当设备退出系统时，电容补偿装置也要退出系统；

2) 低压集中补偿：安装在变电所低压母线上，实现集中补偿；

3) 高压集中补偿：安装在变电所高压母线上，电网受益范围小。

2.6　供配电系统负荷计算

下面系统介绍供配电系统负荷计算顺序、目的及方法。供配电系统一般按照从负荷侧到电源侧的顺序依次计算各个点的负荷值。以图 2-10 所示系统为例进行说明。各个计算点以数字 1~9 标注在图中。

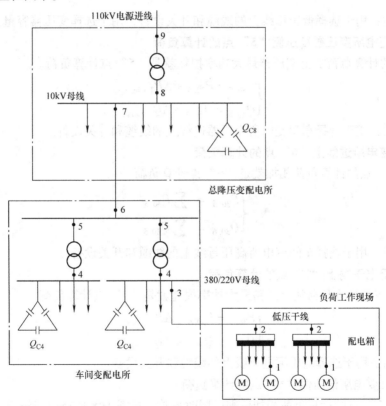

图 2-10　供配电系统计算示例

1. 给单台设备供电的分支线"1"点的计算负荷

该点根据式（2-14）计算得到。

计算目的：用于选择分支线上的线缆和开关设备。

2. 配电箱进线"2"点的计算负荷

首先将设备分组，根据式（2-13）或式（2-16）确定各组设备的计算负荷，即采用需要系数法或二项式系数法求解用电设备组的计算负荷。然后再将各组的有功和无功计算负荷分别相加求总和。

计算目的：用于选择配电箱进线上的线缆和开关设备。

3. 低压干线"3"点的计算负荷

首先将低压干线所带的所有设备按照设备性质进行分组，不区分哪台设备属于哪一个配电箱，然后根据式（2-13）或式（2-16）确定各组设备的计算负荷，然后再根据式（2-15）或式（2-17）确定低压干线的计算负荷。

计算目的：用于选择低压干线上的线缆和开关设备。

4. 车间变电所低压侧"4"点的计算负荷

将变压器所带的所有设备按照设备性质进行分组，不区分哪台设备属于哪一条配电线路、哪一个配电箱，然后根据式（2-13）或式（2-16）确定各组设备的计算负荷，再根据式（2-15）或式（2-17）确定"4"点的计算负荷。同时无功计算负荷需要减去补偿容量 Q_{C4}。

计算目的：用于选择低压母线上的线缆和开关设备，用于选择变压器容量。

5. 车间变电所变压器高压侧"5"点的计算负荷

"4"点的计算负荷加上变压器最大功率损耗就是"5"点计算负荷。

$$\begin{cases} P_{30.5} = P_{30.4} + \Delta P_{T \cdot max} \\ Q_{30.5} = Q_{30.4} + \Delta Q_{T \cdot max} \end{cases} \quad (2\text{-}33)$$

计算目的：用于选择车间变电所变压器进线上的线缆和开关设备。

6. 车间变电所进线上"6"点的计算负荷

各个"5"点的计算负荷相加就是"6"点计算负荷。

$$\begin{cases} P_{30.6} = \sum P_{30.5} \\ Q_{30.6} = \sum Q_{30.5} \end{cases} \quad (2\text{-}34)$$

计算目的：用于选择车间变电所高压母线上的线缆和开关设备。

7. 高压配电干线上"7"点的计算负荷

将"6"点的计算负荷加上线路最大功率损耗就是"7"点计算负荷。

$$\begin{cases} P_{30.7} = P_{30.6} + \Delta P_{L \cdot max} \\ Q_{30.7} = Q_{30.5} + \Delta Q_{L \cdot max} \end{cases} \quad (2\text{-}35)$$

计算目的：用于选择高压配电干线上的线缆和开关设备。

8. 总降压变电所低压侧"8"点的计算负荷

将各个"7"点的计算负荷相加后乘以同时系数，再减去无功补偿容量 Q_{C8}，就是"8"点的计算负荷。

$$\begin{cases} P_{30.8} = K_P \cdot \sum P_{30.7} \\ Q_{30.8} = K_Q \cdot \sum Q_{30.7} - Q_{C8} \end{cases} \quad (2\text{-}36)$$

计算目的：用于选择该母线上的线缆和开关设备，用于选择总降压变电所变压器容量。

9. 全厂总计算负荷"9"点

"8"点的计算负荷加上总降压变配电所的变压器最大功率损耗就是"9"点计算负荷。

$$\begin{cases} P_{30.9} = P_{30.8} + \Delta P_{T \cdot max} \\ Q_{30.9} = Q_{30.8} + \Delta Q_{T \cdot max} \end{cases} \qquad (2\text{-}37)$$

计算目的：用于选择高压进线上的线缆和开关设备并确定向供电部门申请的用电容量。

思考题与习题

2-1 在计算电力负荷时，通常以 30min 作为时间间隔，简述其原因。

2-2 一机修车间的 380V 线路上，接有如下 3 组设备，试用需要系数法求各用电设备组和车间低压干线的计算负荷。

1 组：电热设备，9kW 一台，2kW 两台，1.5kW 六台。

2 组：高频感应电炉，7.5kW 四台，5kW 两台。

3 组：搅拌机，10kW 两台，4.5kW 四台。

2-3 负荷曲线的横坐标和纵坐标分别表示什么物理量？

2-4 用电设备按照工作制分成 3 类，分别是什么？

2-5 某厂的年最大负荷为 1752kW，T_{max} 为 4000h，则年平均负荷为多少？

2-6 某工厂全年用电量为：有功电能 6000 万 kW·h，无功电能 7480 万 kW·h，则该厂的平均功率因数为多少？

2-7 电力系统通常以哪个数值为界线来划分中高压和低压用电设备？

2-8 变压器的有功功率损耗由哪两部分组成？

2-9 图 2-11 为南方某厂典型日负荷曲线，绘制年持续负荷曲线，并计算 T_{max}。

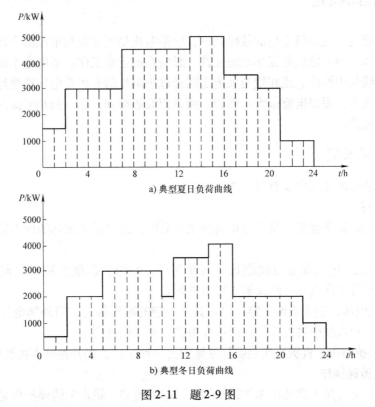

图 2-11 题 2-9 图

第 3 章　短路电流计算

短路电流是供配电系统故障参数之一，其与供配电系统电气设备选择校验和继电保护装置整定密切相关。本章主要介绍短路有关的基本概念和基础知识，重点分析短路暂态过程和讲述短路电流计算方法，最后介绍短路电流产生的热效应和电动力效应。

3.1　短路概述

短路是供配电系统中最常见的故障之一，短路电流是正常负荷电流的十几到几十倍，其产生的热效应和电动力效应会损坏系统元件，影响系统正常工作。供配电系统中相线与相线之间，以及相线与中性线，或相线与大地之间经过小阻抗的非正常电气连接称为短路。短路特点是回路阻抗小，短路电流很大。例如：两条相线短接到一起，两相电源通过相导体构成电气通路就是短路。

3.1.1　短路的原因

引起短路故障的原因主要有以下 3 个方面：

1. 绝缘损坏

电气设备或线路绝缘损坏是产生短路的主要原因，绝缘遭到破坏的原因有很多，常见原因如下：

1）绝缘老化。电气设备或线缆长时间使用后，绝缘会出现自然老化现象，其性能下降，无法承受正常工作电压，绝缘被击穿而损坏。

2）电源过电压，造成绝缘击穿。绝缘具有一定的耐压能力，当外加电压过高，超过规定的耐受电压，绝缘就会被击穿，从而造成短路。如雷电过电压。

3）外界机械损伤。机械损伤是破坏绝缘的另一种途径，如开挖路面损伤电缆绝缘。

2. 工作人员误操作

由于工作人员未按正确的操作规程操作而引起的短路，最常见的误操作是带负荷开合隔离开关，检修后未拆除地线就合闸送电。

3. 其他因素

1）小动物（如蛇、野兔、猫等）跨接在裸线上。
2）室外架空线的线路松弛，大风作用下碰撞。
3）风筝、蔬菜大棚等的金属构件物跨接在裸线上。

3.1.2 短路的危害

1）短路电流热效应使设备和导体温度急剧升高，可能导致设备和导体过热而损坏。
2）短路电流产生很大的电动力，可能使设备变形和损坏。
3）短路点附近母线上的电压会严重下降，使接在母线上其他正常回路所带负荷的工作受到影响。
4）短路发生后，继电保护装置会快速切除故障回路，造成停电。
5）不对称短路还会产生不平衡磁场，对周围的通信系统和电子设备正常工作产生影响。

3.1.3 短路的类型

供配电系统短路类型与系统接地方式有关，下面按照电源中性点接地和不接地分别介绍短路类型。

1. 中性点接地系统

中性点接地系统的短路类型包括：三相短路 $k^{(3)}$、两相短路 $k^{(2)}$、单相短路 $k^{(1)}$（包括单相接地短路、相中短路和相保短路）、两相接地短路 $k^{(2E)}$。

1）单相接地短路是指一相相线接地，相线与大地之间形成的短路。对于低压系统来说，单相接地会形成故障回路，但是由于电压等级较低，故障电流与负荷电流同量级，所以低压系统的单相接地不是短路。
2）相中短路是指相线与中性线之间形成的短路，由于中高压系统为三相三线制不含有中性线，所以相中单相短路是指低压系统中的短路。
3）相保短路是指相线与保护线之间形成的短路，与相中短路相似，相保单相短路也是低压系统中的短路。
4）两相接地短路是指两相相线短接，并在短路点接地。

2. 中性点不接地系统

中性点不接地系统的短路类型包括：三相短路 $k^{(3)}$、两相短路 $k^{(2)}$、单相短路 $k^{(1)}$（相中短路和相保短路）、异相接地短路 $k^{(1,1)}$。

1）中性点不接地系统不存在单相接地短路，因为单相接地没有形成故障回路。
2）异相接地短路是指两相分别接地，但接地点不在同一位置而形成的相间接地短路。

各种短路类型如图3-1所示。在上述短路类型中，三相短路为对称短路，其他短路为不对称短路。单相短路故障发生的概率最高，三相短路发生的可能性最小，但是通常情况下，三相短路电流最大，产生的危害也最严重，所以一般按照三相短路电流对电气设备进行选择和校验。

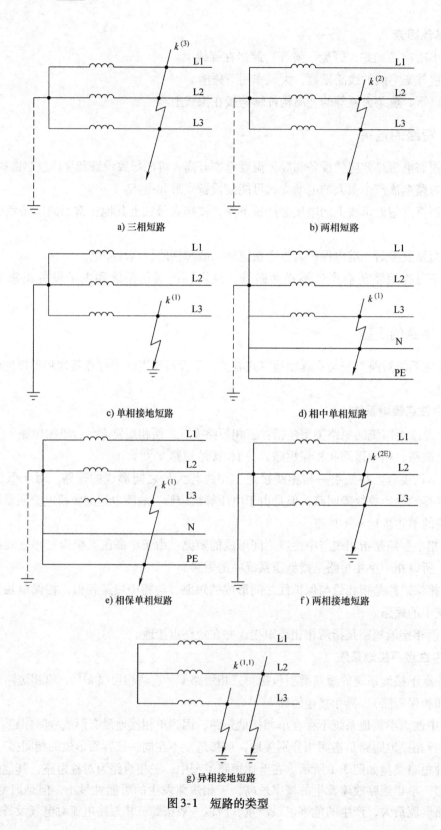

图 3-1 短路的类型

3.2 三相短路暂态过程

当供配电系统发生三相短路时，系统经过一个很短的暂态过程，进入到短路稳定状态。短路电流在暂态过程中的变化规律及从暂态过程中提取出的短路电流相关特征值，对供配电系统设计、电气设备选择和校验及继电保护装置整定至关重要。由于短路电流变化规律与供配电系统供电电源容量有关，所以本节对无限大容量电力系统和有限容量电力系统的短路暂态过程分别讨论。

3.2.1 无限大容量电力系统短路暂态分析

1. 无限大容量电力系统

供配电系统的供电电源主要来自电力系统，供配电系统距离电力系统中的发电机较远，当供配电系统发生短路时，由于短路回路阻抗较大，短路电流小，并且由多台发电机共同分担短路电流，因此短路对发电机的影响很小，发电机的端电压近似恒定，电力系统变电所馈电母线上的电压基本无变化，可以将此电源作为无限大容量电力系统。在工程计算中，如果电源系统的阻抗不大于短路回路总阻抗的5%~10%，或电源系统容量大于供配电系统容量的50倍，那么就将此电源系统看作是无限大容量电力系统。从电路角度来看，无限大容量电力系统可以看成是一个理想电压源，其电源电压恒定，不受负载变动和故障影响。

2. 三相短路暂态过程分析

（1）系统简介　图3-2a为由无限大容量电力系统供电的系统结构示意图，图中将复杂的电源系统及供配电系统用理想电压源、等效电阻和电感来表示。A相电源电压$u(t) = U_m \sin(\omega t + \alpha)$，其中，$U_m$为相电压幅值，其值保持恒定，$\omega$为电源角频率，$\alpha$为电压初相角。图中在$k^{(3)}$点发生了三相短路，$R$和$L$为系统正常工作时回路总的电阻和电感，$R_k$和$L_k$为短路回路总的电阻和电感，其大小由短路点位置和系统结构决定。系统正常工作及发生短路时三相回路都为对称回路，可以用三相系统的单相等效电路对短路暂态过程进行分析，单相等效电路如图3-2b所示。

发生短路时，系统结构发生了很大变化，短路前后A相电流$i(t)$由不同的表达式来确定，因此将电流$i(t)$用不同的参量符号来表示，记短路发生时刻$t=0$，$i(t)$符号定义如下：

$$i(t) = \begin{cases} i_0(t), & t<0 \\ i_k(t), & t \geq 0 \end{cases} \quad (3\text{-}1)$$

（2）系统正常工作状态分析　系统正常工作时，由电源电压$u(t) = U_m \sin(\omega t + \alpha)$驱动回路总阻抗$Z = R + j\omega L$产生电流$i_0(t)$，$i_0(t)$由电源电压持续为其提供能量，称为强制电流，其为幅值不变的正弦波，表达式如下：

$$i_0(t) = I_{m0} \sin(\omega t + \alpha - \varphi_0) \quad (3\text{-}2)$$

$$I_{m0} = \frac{U_m}{|Z|} = \frac{U_m}{\sqrt{R^2 + (\omega L)^2}} \quad (3\text{-}3)$$

$$\varphi_0 = \arctan \frac{\omega L}{R} \quad (3\text{-}4)$$

式中，I_{m0}为电流幅值；φ_0为回路阻抗角。

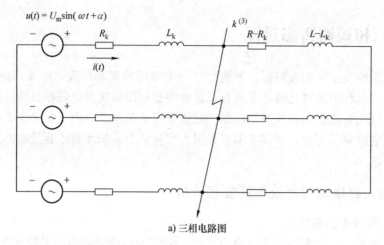

a) 三相电路图

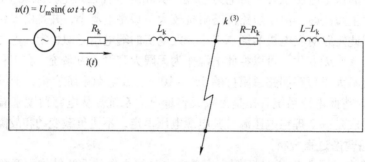

b) 单相等效电路图

图 3-2 无限大容量系统三相短路示意图

(3) 短路分析 当供配电系统在 $k^{(3)}$ 点发生三相短路时，回路阻抗由 Z 减小到短路阻抗 $Z_k = R_k + j\omega L_k$，此时，强制电流由电源驱动短路阻抗产生，其幅值相比于正常电流大很多，由于强制电流是正弦交流电流，所以也称为短路电流的交流分量或周期分量。由于回路中存在电感，而电感电流不能突变，所以在短路瞬间，回路里产生一个抑制强制电流变化的自由电流，没有电源为其提供能量，随着时间逐渐衰减，自由电流最后衰减为零，该电流也称为短路电流的直流分量或非周期分量。

列写图 3-2b 系统中短路回路电压平衡方程式：

$$u(t) = R_k \cdot i_k(t) + L_k \cdot \frac{di_k(t)}{dt} \tag{3-5}$$

从式（3-5）微分方程中解出短路电流 $i_k(t)$ 为

$$\begin{aligned} i_k(t) &= i_{zq}(t) + i_f(t) \\ &= I_{zqm}\sin(\omega t + \alpha - \varphi_k) + Ae^{-\frac{R_k}{L_k}t} \end{aligned} \tag{3-6}$$

式中，$i_{zq}(t)$ 为短路电流周期分量；I_{zqm} 为周期分量幅值；φ_k 为短路回路阻抗角；$i_f(t)$ 为短路电流非周期分量；A 为积分常数，也是非周期分量初始值。

式中

$$I_{zqm} = \sqrt{2}I_{zq} = \frac{U_m}{|Z_k|} \tag{3-7}$$

$$\varphi_k = \arctan\frac{\omega L_k}{R_k} \tag{3-8}$$

其中，I_{zq} 为周期分量有效值，且

$$|Z|_k = \sqrt{R_k^2 + (\omega L_k)^2} \tag{3-9}$$

非周期分量初始值 A 由短路瞬间强制电流的差值确定。根据短路瞬间前后电流相等条件，即可求取初始值 A。

短路瞬间前后电流分别为

$$i_0(0) = I_{m0}\sin(\alpha - \varphi_0) \tag{3-10}$$

$$i_k(0) = \frac{U_m}{|Z_k|}\sin(\alpha - \varphi_k) + A \tag{3-11}$$

令 $i_0(0) = i_k(0)$，得

$$A = I_{m0}\sin(\alpha - \varphi_0) - I_{zqm}\sin(\alpha - \varphi_k) \tag{3-12}$$

将式（3-12）代入式（3-6）中，得到短路全电流表达式为

$$i_k(t) = I_{zqm}\sin(\omega t + \alpha - \varphi_k) + [I_{m0}\sin(\alpha - \varphi_0) - I_{zqm}\sin(\alpha - \varphi_k)]e^{-\frac{R_k}{L_k}t} \tag{3-13}$$

（4）短路全电流波形　图3-3为短路全电流波形。

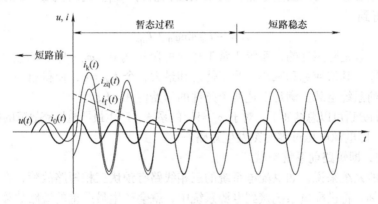

图 3-3　短路全电流波形

纵轴左侧为短路前系统正常工作时的电压和电流波形，系统处于稳定工作状态。$t=0$ 时刻发生短路，系统进入暂态，短路全电流由周期分量和非周期分量叠加而成，周期分量为幅值不变的正弦波，非周期分量方向不变，逐渐衰减，经过若干个周期，非周期分量衰减为零，系统进入短路稳定状态，此时的短路电流仅包含周期分量。

下面通过图3-3解释非周期量初始值 A 的含义。假设在短路瞬间前后，强制电流的瞬时值分别为 $-5A$ 和 $-50A$，那么为了抵消强制电流的突变，自由电流初始值 A 为 $-[-50-(-5)]A = 45A$，以保持短路前后电流不变。

3. 短路全电流取得极大值的条件

分析短路全电流取得极大值的条件就是分析在何种情况下会产生最严重的三相短路故障。从图3-3可以看出短路全电流最大值出现在短路发生后周期分量第一个峰值出现的时刻，这时的短路全电流由短路电流周期分量幅值和非周期分量此时刻的瞬时值组成。由于周期分量的幅值由电源电压和短路回路阻抗决定，当系统结构和短路点位置确定后，周期分量

幅值保持不变，所以此时刻的短路全电流大小由非周期分量的瞬时值决定。而非周期分量瞬时值取决于初始值 A 和衰减速率 L_k/R_k，衰减速率与短路回路电阻和电抗有关，大小不变，所以分析短路全电流取得极大值的条件就转变为分析非周期分量初始值 A 取得最大值的条件。当 A 取得最大值时，最大瞬时短路全电流也取得最大值，会出现最严重的短路故障。

下面以架空线为主的中高压系统为例，分析非周期分量初始值 A 取得最大值的条件。在该系统中，短路回路电阻远小于电抗，可近似认为

$$\varphi_k \approx 90° \tag{3-14}$$

将式（3-14）代入非周期分量初始值 A 表达式（3-12）中，得到

$$A = I_{m0}\sin(\alpha - \varphi_0) + I_{zqm}\cos\alpha \tag{3-15}$$

从式（3-15）可以看出，初始值 A 由两项组成，第一项的幅值是系统正常工作时强制电流的幅值，第二项的幅值是短路电流周期分量的幅值（短路后强制电流的幅值），由于强制电流由电源电压和回路阻抗决定，而电源电压不变，短路后的回路阻抗比系统正常工作时的阻抗小很多，所以电流 I_{zqm} 远大于 I_{m0}。由于第二项所占比重较大，所以可以先分析第二项取得最大值的条件，然后分析第一项对总体值的影响，得出 A 取得最大值的条件。

式（3-15）第二项是余弦函数，从公式中很容易得出当 $\alpha = 0$ 时该项取得最大值，此条件含义为电源电压过零时刻发生短路，第二项最大值为 I_{zqm}。同时把 $\alpha = 0$ 的条件代入到式（3-15）中，得到

$$A = -I_{m0}\sin\varphi_0 + I_{zqm} \tag{3-16}$$

由于负载一般是阻感性的，系统正常工作时的阻抗角 $0 < \varphi_0 < 90$，$\sin\varphi_0 > 0$，所以第一项小于或等于零，其值使总和减小。为了使总和最大，令 $I_{m0} = 0$，使得第一项为零，此条件的含义为短路前系统空载。满足上述两个条件的初始值 $A = I_{zqm}$。

经过上面的分析可以总结如下，对于 $\varphi_k \approx 90°$ 的系统，产生最严重短路故障的条件有两个：

1) $\alpha = 0$，即电源电压过零时刻发生短路；

2) $I_{m0} = 0$，即短路前系统空载。

对于实际的系统来说，如供配电系统的三相线路有预伏三相短路故障，在三相电源电压的某相过零时刻，将供配电系统接到电源系统中，就会产生最严重的短路故障。

最严重三相短路故障下的短路全电流表达式为

$$i_{k \cdot max}(t) = -I_{zqm}\cos\omega t + I_{zqm}e^{-\frac{R_k}{L_k}t} \tag{3-17}$$

此时的短路全电流波形如图 3-4 所示。

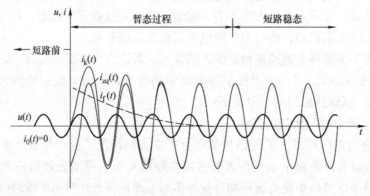

图 3-4　短路全电流取得极大值时的波形

短路前系统空载和电源电压过零时刻发生短路两个条件都体现在图 3-4 所示的波形中。由于短路回路近似纯感性,所以短路电流周期分量滞后电源电压 90°,在短路发生时刻,短路电流周期分量取得负的幅值,非周期分量初始值最大,为短路电流周期分量幅值。

4. 短路特征值

从短路过程及短路电流波形中可以提取出很多重要的短路特征,将每个特征用参量进行表示,其在供配电系统设计和分析、元件选择和校验过程中起到重要作用。

(1) 冲击电流 冲击电流 i_{ch} 是指最严重短路故障情况下,短路全电流的最大瞬时值。根据上述短路全电流取得极大值的推导过程及图 3-4 的分析,可知短路发生后的半个周期,短路全电流取得最大瞬时值,即冲击电流出现在 $t=0.01\text{s}$(或 $\omega t = \pi$)时刻。

将 $t=0.01\text{s}$ 条件代入短路全电流公式 (3-17) 中,得到短路冲击电流为

$$i_{ch} = i_{k \cdot \max}(0.01) = I_{zqm}\left(1 + e^{-\frac{R_k}{L_k} \cdot 0.01}\right) = \sqrt{2}I_{zq} \cdot K_{ch} \tag{3-18}$$

式中,$K_{ch} \in [1, 2]$ 称为冲击系数,其与短路回路阻抗有关,当电阻 R_k 为零时,K_{ch} 取极限值 2,当电感 L_k 为零时,K_{ch} 取极限值 1,实际工程中,K_{ch} 取值位于两种极限值之间。

短路冲击电流用于短路动稳定性校验。

(2) 冲击电流有效值 冲击电流有效值 I_{ch} 是指短路全电流的最大有效值,它出现在短路发生后的第一个周期,计算公式如下:

$$I_{ch} = \sqrt{I_{zq}^2 + i_{f(0.01)}^2} = I_{zq}\sqrt{1 + 2(K_{ch} - 1)^2} \tag{3-19}$$

冲击电流有效值也是冲击系数 K_{ch} 的函数,该特征值用于短路热稳定性校验。

在 1000V 以上的中高压系统中,一般取 $K_{ch} = 1.8$,因此短路冲击电流和冲击电流有效值分别为

$$i_{ch} = 2.55 I_{zq} \tag{3-20}$$

$$I_{ch} = 1.51 I_{zq} \tag{3-21}$$

在 1000V 以下的低压系统中,一般取 $K_{ch} = 1.3$,因此短路冲击电流和冲击电流有效值分别为

$$i_{ch} = 1.84 I_{zq} \tag{3-22}$$

$$I_{ch} = 1.09 I_{zq} \tag{3-23}$$

式中,I_{zq} 表示短路电流周期分量有效值。

(3) 三相稳态短路电流 三相稳态短路电流是指非周期分量衰减为零,系统进入短路稳态后的短路电流有效值,此时系统只包含短路电流周期分量,用 I_∞ 表示三相稳态短路电流,也常用参量 I_k(I_{k3})表示,$I_\infty = I_k = I_{zq}$。

3.2.2 有限容量电力系统短路暂态简介

有限容量电力系统是指发生短路时,变电所馈电母线上的电压变化的电源系统。该系统中短路点距发电机的电气距离较近,当发生三相短路时,发电机受短路电流影响较大,机端电压发生变化,短路过程更加复杂,短路电流非周期分量与无限大容量电力系统一致,但是短路电流周期分量的幅值在短路暂态过程中会发生变化。由于供配电系统距离发电机较远,供配电系统中某一点发生三相短路时,可以按照无限大容量电力系统供电进行分析和计算。

3.3 三相短路计算

3.3.1 短路电流计算概述

短路是供配电系统中最常见的故障,为了保证供配电系统供电的可靠性和安全性,需要保证供配电系统中电气设备和线路在通过可能出现的最大短路电流时不被损坏,即按照短路电流校验电气设备的热稳定性和动稳定性,同时在对继电保护装置进行整定,及校验开关电器的断流能力时也需要以短路电流为依据,可见短路电流是供配电系统中最重要的故障参数,下面介绍无限大容量电力系统中三相短路电流的计算方法。

无限大容量系统中发生三相短路时,三相短路电流周期分量有效值 I_k 为

$$I_k = \frac{U_c}{\sqrt{3}Z_{k\Sigma}} \tag{3-24}$$

式中,U_c 表示系统电源电压,也称为短路点的短路计算电压,在工程计算中按照线路首端电压考虑,比短路点所在系统标称电压高 5%,一般取 $U_c = U_{av} = 1.05U_N$,按照我国电压标准,U_c 可取 0.4kV、0.69kV、6.3kV、10.5kV、37kV、69kV、115kV 等。$Z_{k\Sigma}$ 表示短路回路总的阻抗,总阻抗由短路回路中各个电网元件的阻抗构成。在三相短路电流计算中,一般只考虑主要元件的阻抗,例如,电力系统(电源内阻抗)、电力变压器、电力线路和限流电抗器等的阻抗。而母线、较短的导线、断路器和电流互感器的阻抗,由于阻抗值较小,一般忽略不考虑。

短路计算电压根据短路点的电压等级取系统平均电压,作为已知条件,然后根据短路回路的构成,将各个电网元件的阻抗计算出来,再由各个元件之间的串并联关系求出总的短路回路阻抗,代入式(3-24)中即可计算出三相短路电流。所以求取三相短路电流的关键是给出各个电网元件的阻抗计算方法。

3.3.2 元件阻抗计算

1. 电力系统阻抗

电力系统的阻抗即是电源内阻抗,电力系统内部结构复杂,内阻抗由发电机阻抗和电网元件阻抗构成,其电阻相对于电抗来说很小,可以忽略不计。电抗值可由电力系统的短路容量 S_k 来计算,一般用电力系统变电所馈电线出口断路器的断流容量 S_{oc} 进行估算,电力系统电抗值为

$$X_s = \frac{U_c^2}{S_{oc}} = \frac{U_c^2}{S_k} \tag{3-25}$$

式中,U_c 为电力系统馈电线的短路计算电压,也是电源输出端所在电压等级的短路计算电压,S_{oc} 可由断路器数据手册中查出。

2. 电力变压器阻抗

电力变压器产品铭牌上给出的与阻抗有关的参数为短路电压百分数 $u_k\%$(或短路阻抗百分数 $Z_{k.T}\%$,两者数值相等),$u_k\%$ 和 $Z_{k.T}\%$ 都为标幺值。

下面对标幺值进行简单介绍,标幺值定义公式如下:

$$A_* = \frac{A}{A_B} \tag{3-26}$$

式中，A_* 表示参量的标幺值，其没有单位，是一个比值；A 为参量实际值，也称为有名值，有单位，如电压的单位为 V 或 kV，电阻的单位为 Ω；A_B 为参量的基准值，与有名值单位相同，是人为选定的参量。

对于设备的标幺值来说，一般以设备的额定值作为基准值，$Z_{k \cdot T}\%$ 定义公式如下：

$$Z_{k \cdot T}\% = \frac{|Z_{k \cdot T}|}{\dfrac{U_{r \cdot T}^2}{S_{r \cdot T}}} \times 100 \tag{3-27}$$

式中，$|Z_{k \cdot T}|$ 为电力变压器短路阻抗有名值，$S_{r \cdot T}$ 为变压器额定容量，$U_{r \cdot T}$ 为变压器额定电压，对于双绕组变压器来说，$|Z_{k \cdot T}|$ 为折算到哪一侧的短路阻抗，$U_{r \cdot T}$ 就采用同一侧的额定电压，如 $|Z_{k \cdot T}|$ 是折算到一次侧的短路阻抗，那么基准值公式中的额定电压就采用一次侧的额定电压 $U_{r1 \cdot T}$。短路电压百分数 $u_k\%$ 的定义公式相似。

由式（3-27）经过变换，得到短路阻抗有名值为

$$|Z_{k \cdot T}| = \frac{Z_{k \cdot T}\%}{100} \cdot \frac{U_{r \cdot T}^2}{S_{r \cdot T}} = \frac{u_k\%}{100} \cdot \frac{U_{r \cdot T}^2}{S_{r \cdot T}} \tag{3-28}$$

变压器的短路电阻可根据短路有功损耗 Δp_k 和额定电流 $I_{r \cdot T}$ 计算得到

$$R_{k \cdot T} = \frac{\Delta p_k}{3 I_{r \cdot T}^2} = \frac{\Delta p_k}{3 [S_{r \cdot T} / \sqrt{3} U_{r \cdot T}]^2} = \Delta p_k \frac{U_{r \cdot T}^2}{S_{r \cdot T}^2} \tag{3-29}$$

式中，短路有功损耗是短路试验时的输入有功功率，此时的电路电流为额定值，并将额定电流用额定容量和额定电压的表达式代替。同短路阻抗相似，在式（3-29）中，短路电阻折算到变压器哪一侧，就用哪一侧的额定电压进行计算。

在已知阻抗和电阻的条件下，电力变压器的电抗为

$$X_{k \cdot T} = \sqrt{Z_{k \cdot T}^2 - R_{k \cdot T}^2} \tag{3-30}$$

为了简化计算，一般近似认为

$$X_{k \cdot T} \approx |Z_{k \cdot T}| = \frac{u_k\%}{100} \frac{U_{r \cdot T}^2}{S_{r \cdot T}} \tag{3-31}$$

3. 线路阻抗

对于电力线路来说，可以从产品手册中查找到单位长度电阻 R_0 和单位长度电抗 X_0，结合线路长度 l，根据下列两式可得到线路总的电阻和电抗为

$$R_l = R_0 \cdot l \tag{3-32}$$

$$X_l = X_0 \cdot l \tag{3-33}$$

4. 限流电抗器阻抗

为了限制短路电流，通常在系统中串联限流电抗器。在电抗器的产品铭牌中，电抗值以标幺值的形式给出，即电抗百分数 $X_k\%$，该标幺值以设备额定值作为基准值，因此其有名值求解方法与变压器阻抗计算方法相似，计算公式为

$$X_{k \cdot R} = \frac{X_k\%}{100} \cdot \frac{U_{r \cdot R}}{\sqrt{3} I_{r \cdot R}} \tag{3-34}$$

式中，$U_{r \cdot R}$ 和 $I_{r \cdot R}$ 分别为电抗器额定电压和额定电流。

3.3.3 有名值法三相短路电流计算

有名值法计算三相短路电流，物理概念简单，直观容易理解，根据各个元件串并联关

系，求阻抗总和后，代入到式（3-24）短路电流计算公式中，就可以求解出短路电流。但是在含有变压器的电网中，由于整个短路回路中有多个电压等级，元件处于不同电压等级处，无法直接计算总阻抗，需将电源电压及元件阻抗都换到到同一电压等级上去，一般换算到短路点所在电压等级上。

下面分别介绍元件阻抗和电源电压的换算方法。

1. 阻抗换算

阻抗等效换算的原则是换算前后元件产生的功率损耗不变。根据有功功率损耗和无功功率损耗公式 $\Delta P = U^2/R$ 和 $\Delta Q = U^2/X$，可以看出，电阻和电抗都与电压平方成正比，因此得到阻抗换算公式如下：

$$R' = R\left(\frac{U'_c}{U_c}\right)^2 \tag{3-35}$$

$$X' = X\left(\frac{U'_c}{U_c}\right)^2 \tag{3-36}$$

式中，$(U'_c/U_c)^2$ 为阻抗换算系数；U'_c 表示短路计算点的短路计算电压；U_c 表示元件所在处的短路计算电压；R 和 X 表示换算前的电阻和电抗；R' 和 X' 表示换算后的电阻和电抗。

通过前面介绍的电力系统、变压器、电力线路和限流电抗器四种元件的阻抗计算公式可以看出，由于电力系统和电力变压器公式中都含有电压平方，因此直接在公式中用短路点的短路计算电压代替原电压，就能得到换算后的阻抗值。而电力线路和限流电抗器的电阻和电抗需要乘以换算系数进行换算。

2. 电源电压换算

根据标准电压的规定，可知变压器额定电压近似等于系统平均电压，即变压器的额定电压之比约等于变压器两侧短路计算电压之比。由于电源电压取系统平均电压，与短路计算电压相等，经过一个变压器或多个变压器换算后，所得到的换算后的电源电压就是短路点的短路计算电压。

用有名值法计算三相短路电流的步骤如下：

1）计算短路回路中各个元件的阻抗，并进行换算。

2）画出短路回路计算电路图，在图中标出各个元件的序号和阻抗值，一般以分数形式表示，分子表示序号，分母表示阻抗值。

3）根据元件串并联关系，计算短路回路总阻抗。如果短路回路总电阻小于总电抗的 1/3，则将电阻忽略。

4）根据短路电流计算公式，计算短路电流周期分量有效值。

5）计算短路冲击电流和冲击电流有效值。

6）计算短路容量，短路容量计算公式如下：

$$S_k = \sqrt{3}U_c I_k \tag{3-37}$$

式中，U_c 为短路点的短路计算电压。

短路容量是一个位置函数，系统不同位置处发生短路时短路容量不相等，短路点越靠近电源，短路电流越大，短路容量也越大。短路容量是由系统电源提供的视在功率，全部消耗在短路回路各元件中。另外短路容量与系统运行方式有关，由于发电机、变压器和线路投入系统和退出系统是经常性的现象，所以短路回路构成及总阻抗会发生变化，使得短路电流和短路容量也变化,但是短路容量的取值在一定范围内,其上下限分别称为最大运行方式和最小运行方式下的短路容量。

例 3-1 图 3-5 是无限大容量电力系统结构图,系统电源 S 短路容量 S_k 为 500MV·A,变压器、电抗器和线路参数标注在图中,忽略元件电阻,用有名值法分别计算 d_1 和 d_2 点短路时的短路电流和短路容量。

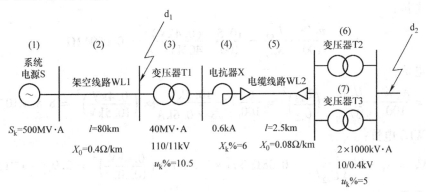

图 3-5 系统结构图

解:系统具有 3 个电压等级,计算电压分别为 $U_{c1} = 115\text{kV}$,$U_{c2} = 10.5\text{kV}$,$U_{c3} = 0.4\text{kV}$。

(1) 计算 d_1 点短路时的短路电流和短路容量

1) 计算短路回路中各个元件的电抗。

系统电源 S 电抗:

$$X_1 = \frac{U_{c1}^2}{S_k} = \frac{(115\text{kV})^2}{500\text{MV}\cdot\text{A}} = 26.45\Omega$$

架空线路 WL1 电抗:

$$X_2 = X_0 \cdot l = 0.4\Omega/\text{km} \times 80\text{km} = 32\Omega$$

2) 画出短路回路计算电路图(见图 3-6)。

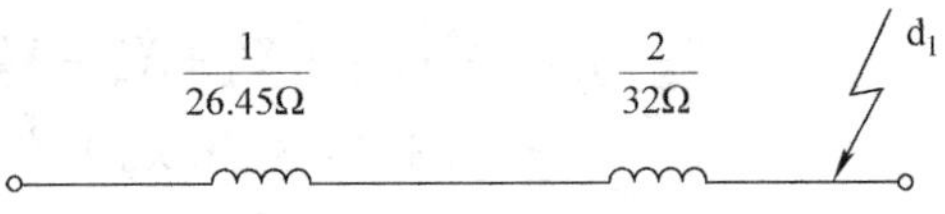

3) 计算短路回路总电抗:

$$X_{\Sigma\_d_1} = X_1 + X_2 = 26.45\Omega + 32\Omega = 58.45\Omega$$

图 3-6 d_1 点短路的计算电路图

4) 计算短路电流周期分量有效值:

$$I_{k\_d_1} = \frac{U_{c1}}{\sqrt{3}X_{\Sigma\_d_1}} = \frac{115\text{kV}}{\sqrt{3}\times 58.45\Omega} = 1.136\text{kA}$$

5) 计算短路冲击电流和冲击电流有效值:

$$i_{ch\_d_1} = 2.55 I_{k\_d_1} = 2.55 \times 1.136\text{kA} = 2.90\text{kA}$$

$$I_{ch\_d_1} = 1.51 I_{k\_d_1} = 1.51 \times 1.136\text{kA} = 1.71\text{kA}$$

6) 计算短路容量:

$$S_{k\_d_1} = \sqrt{3} U_{c1} \times I_{k\_d_1} = \sqrt{3} \times 115\text{kV} \times 1.136\text{kA} = 226.3\text{MV}\cdot\text{A}$$

(2) 计算 d_2 点短路时的短路电流和短路容量

1) 计算短路回路中各个元件的电抗。

系统电源 S 电抗:

$$X'_1 = \frac{U_{c3}^2}{S_k} = \frac{(0.4\text{kV})^2}{500\text{MV}\cdot\text{A}} = 0.00032\Omega$$

架空线路 WL1 电抗：

$$X'_2 = X_0 \cdot l \cdot \left(\frac{U_{c3}}{U_{c1}}\right)^2 = 0.4\Omega/\text{km} \times 80\text{km} \times \left(\frac{0.4\text{kV}}{115\text{kV}}\right)^2 = 3.366 \times 10^{-6}\Omega$$

变压器 T_1 电抗：

$$X'_3 = \frac{u_k\%}{100} \cdot \frac{U_{c3}^2}{S_{r\cdot T}} = \frac{10.5}{100} \cdot \frac{(0.4\text{kV})^2}{40\text{MV}\cdot\text{A}} = 0.00042\Omega$$

电抗器 X 电抗：

$$X'_4 = \frac{X_k\%}{100} \cdot \frac{U_{r\cdot R}}{\sqrt{3}I_{r\cdot R}} \cdot \left(\frac{U_{c3}}{U_{c2}}\right)^2 = \frac{6}{100} \times \frac{10.5\text{kV}}{\sqrt{3} \times 0.6\text{kA}} \times \left(\frac{0.4\text{kV}}{10.5\text{kV}}\right)^2 = 8.8 \times 10^{-4}\Omega$$

电缆线路 WL2 电抗：

$$X'_5 = X_0 \cdot l \cdot \left(\frac{U_{c3}}{U_{c2}}\right)^2 = 0.08\Omega/\text{km} \times 2.5\text{km} \times \left(\frac{0.4\text{kV}}{10.5\text{kV}}\right)^2 = 2.9 \times 10^{-4}\Omega$$

变压器 T_2 和 T_3 电抗：

$$X_6 = X_7 = \frac{u_k\%}{100} \cdot \frac{U_{c3}^2}{S_{r\cdot T}} = \frac{5}{100} \cdot \frac{(0.4\text{kV})^2}{1000\text{kV}\cdot\text{A}} = 0.008\Omega$$

2）画出短路回路计算电路图（见图3-7）。

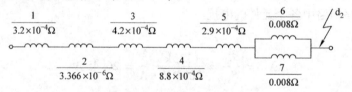

图 3-7 d_2 点短路的计算电路图

3）计算短路回路总电抗：

$$X_{\Sigma\_d_2} = X'_1 + X'_2 + X'_3 + X'_4 + X'_5 + X_6 // X_7$$
$$= [(3.2 + 3.36 \times 10^{-2} + 4.2 + 8.8 + 2.9) \times 10^{-4} + 0.008/2]\Omega$$
$$= 59.1 \times 10^{-4}\Omega$$

4）计算短路电流周期分量有效值：

$$I_{k\_d_2} = \frac{U_{c3}}{\sqrt{3}X_{\Sigma\_d_2}} = \frac{0.4\text{kV}}{\sqrt{3} \times 59.1 \times 10^{-4}\Omega} = 39.08\text{kA}$$

5）计算短路冲击电流和冲击电流有效值：

$$i_{ch\_d_2} = 1.84 I_{k\_d_2} = 1.84 \times 39.08\text{kA} = 71.9\text{kA}$$
$$I_{ch\_d_2} = 1.09 I_{k\_d_2} = 1.09 \times 39.08\text{kA} = 42.6\text{kA}$$

6）计算短路容量：

$$S_{k\_d_2} = \sqrt{3}U_{c3} \times I_{k\_d_2} = \sqrt{3} \times 0.4\text{kV} \times 39.08\text{kA} = 27\text{MV}\cdot\text{A}$$

3.3.4 标幺值法三相短路电流计算

用标幺值法计算三相短路电流，可以省掉由于变压器存在带来的阻抗折算问题，在具有多个电压等级电网的短路电流计算中非常简单和方便。标幺值法中各个参量都用标幺值表示,并用标幺值进行计算,标幺值法是否简单取决于基准值的选取,如果选取不当,反而使计算复杂,下面介绍系统基准值的选取规则和标幺值法计算步骤。

1. 基值选取规则

在式(3-26)中已给出标幺值的定义公式,用下标区分公式中各个参量,其中有名值没有下标,标幺值下标为 *,基准值下标为 B。单相系统、三相系统和具有变压器的多个电网等级电网中都有一套基准选取规则,下面分别介绍。

(1)单相系统基值选取规则

电力系统基值选取规则中考虑 4 个参量,分别是功率 S,电压 U,电流 I 和阻抗 Z,由于单相系统比较简单,所以希望基准值的选取使得标幺值运算公式与有名值表达式一致,没有简化系统也没有使系统复杂。下面举例说明基准值推导过程。

电路理论中,有

$$S = UI \tag{3-38}$$

将标幺值定义公式代入式(3-38)中,有

$$S_* S_B = U_* U_B \cdot I_* I_B \tag{3-39}$$

由式(3-39)变换得到

$$S_* = U_* I_* \frac{U_B I_B}{S_B} \tag{3-40}$$

从式(3-40)中可以推导出,当 $S_B = U_B I_B$ 时,$S_* = U_* I_*$,标幺值运算公式形式与有名值表达式一致。

阻抗 $Z = R + jQ$,将标幺值定义公式代入,得到

$$Z_* Z_B = R_* R_B + jQ_* Q_B \tag{3-41}$$

当 $Z_B = R_B = Q_B$ 时,标幺值计算公式与有名值表达式形式一致,即

$$Z_* = R_* + jQ_* \tag{3-42}$$

其他参量之间的基准值约束关系推导过程类似。

(2)三相系统基值选取规则

三相系统相对于单相系统来说要复杂很多,在计算时涉及三相与单相之间的换算,还涉及线参量与相参量之间的换算,并且换算关系与连接方式有关。为了在用标幺值计算时,省去上述换算过程,使得三相系统与单相系统一样简单,在选取基值时,以上述要求为目的制定基值选取规则。

下面以丫接为例推导线参量和相参量基值关系。电路理论中有

$$\begin{cases} U_L = \sqrt{3} U_\varphi \\ I_L = I_\varphi \end{cases} \tag{3-43}$$

将标幺值定义公式代入式(3-43)中,得到

$$\begin{cases} U_{L*} U_{LB} = \sqrt{3} U_{\varphi *} U_{\varphi B} \\ I_{L*} I_{LB} = I_{\varphi *} I_{\varphi B} \end{cases} \tag{3-44}$$

当基准值满足

$$\begin{cases} U_{LB} = \sqrt{3} U_{\varphi B} \\ I_{LB} = I_{\varphi B} \end{cases} \tag{3-45}$$

标幺值参量之间的运算公式为

$$\begin{cases} U_{L*} = U_{\varphi*} \\ I_{L*} = I_{\varphi*} \end{cases} \quad (3\text{-}46)$$

式中，U_L 和 U_φ 表示线电压和相电压；I_L 和 I_φ 表示线电流和相电流。

从以上推导过程可以得到结论，当三相系统基准值之间的约束关系与有名值公式一致时，标幺值参量不再区分线和相，线参量与相参量相等。并且上述结论与连接方式无关。

同理可以推导出其他基值约束关系及对应的标幺值参量运算关系

$$\begin{cases} S_{3\varphi B} = \sqrt{3} S_{\varphi B} \\ S_{3\varphi *} = S_{\varphi *} \end{cases} \quad (3\text{-}47)$$

$$\begin{cases} S_{3\varphi B} = \sqrt{3} U_{LB} I_{LB} \\ S_{3\varphi *} = U_{L*} I_{L*} \end{cases} \quad (3\text{-}48)$$

$$\begin{cases} U_{LB} = \sqrt{3} I_{LB} |Z|_B \\ U_{L*} = I_{L*} |Z|_* \end{cases} \quad (3\text{-}49)$$

式中，$S_{3\varphi}$ 和 S_φ 分别表示三相功率和单相功率；I_L 表示线电流；$|Z|$ 表示每相阻抗的模。

对于三相系统来说，基值约束规则和标幺值参量运算规则总结如下：基值参量之间的关系表达式与有名值参量关系表达式形式相同，标幺值参量运算关系与单相系统一致，不再区分单相和三相、线参量和相参量。

(3) 具有变压器的多个电压等级电网基值选取规则

对于具有一台变压器两个电压等级的系统，设变压器一次侧和二次侧所在的系统标称电压分别为 U_{N1} 和 U_{N2}，系统平均电压分别为 U_{av1} 和 U_{av2}，两侧的基准电压分别为 U_{B1} 和 U_{B2}，变压器变比为 k，额定电压分别为 $U_{r1 \cdot T}$ 和 $U_{r2 \cdot T}$，则变压器的标幺值变比 k_* 为

$$k_* = \frac{\dfrac{U_{r1 \cdot T}}{U_{B1}}}{\dfrac{U_{r2 \cdot T}}{U_{B2}}} \quad (3\text{-}50)$$

为了在标幺值网络里取消变压器带来的换算，需要选择合适的基准值，使得 $k_* = 1$，将此条件代入式（3-50）中，得到

$$\frac{U_{B1}}{U_{B2}} = \frac{U_{r1 \cdot T}}{U_{r2 \cdot T}} = k \quad (3\text{-}51)$$

从式（3-51）中可以看出，当基准电压的比值等于变压器电压比时，变压器的标幺值电压比为 1，在用标幺值法计算时就不用考虑变压器带来的换算问题。在满足基准电压比值等于变比条件下，基值取值有很多选择，一般情况下，取 $U_{B1} = U_{r1 \cdot T}$，$U_{B2} = U_{r2 \cdot T}$。

但是，当系统中有两个及以上变压器，多个电压等级时，由于同一电压等级两侧的变压器额定电压不相等，按照上述方式选择基准电压时，无法保证所有基准电压都等于变压器额定电压。以具有两台变压器三个电压等级的系统为例进行解释，系统如图3-8所示。

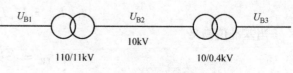

图3-8 三个电压等级系统

两台变压器的额定电压分别为 110kV/11kV 和 10kV/0.4kV，10kV 系统连接的变压器额定电压分别为 11kV 和 10kV，从前级变压器角度考虑，基准电压 $U_{B2}=11\text{kV}$，根据式（3-51）关系，U_{B3} 不等于额定电压 0.4kV，同样如果从后级变压器角度考虑，基准电压 $U_{B2}=10\text{kV}$，在满足式（3-51）条件下，U_{B1} 不等于额定电压 110kV。一般为了简化分析和计算，取基准电压等于系统平均电压，使每台变压器的标幺值电压比都近似等于 1。

综上所述，在具有变压器的三相系统中基准值选取方法如下：

1) 选取基准容量 S_B：供配电系统一般取 $100\text{MV}\cdot\text{A}$，且各个电压等级的基准容量相同。

2) 选取基准电压 U_{Bi}：取系统平均电压，即 $U_{Bi}=U_{avi}$，基准电压个数取决于系统电压等级个数。

3) 根据下式计算电流基准值 I_{Bi} 和阻抗基准值 $|Z|_{Bi}$：

$$\begin{cases} I_{Bi} = \dfrac{S_B}{\sqrt{3}U_{Bi}} \\ |Z|_{Bi} = \dfrac{U_{Bi}^2}{S_B} \end{cases} \tag{3-52}$$

在系统基准值条件下，标幺值参量运算规则为

$$\begin{cases} S_* = U_* I_* \\ U_* = I_* |Z|_* \end{cases} \tag{3-53}$$

2. 标幺值法计算三相短路电流步骤

根据式（3-53）可以得到短路电流标幺值计算公式为

$$I_{k*} = \dfrac{U_{c*}}{|Z_{k\Sigma}|_*} \tag{3-54}$$

式中，短路点短路计算电压标幺值 U_{c*} 为

$$U_{c*} = \dfrac{U_c}{U_B} = \dfrac{U_{av}}{U_{av}} = 1 \tag{3-55}$$

在式（3-55）中，由于短路计算电压和基准电压都取系统平均电压，而且是同一电压等级的系统，所以短路计算电压标幺值为 1。代入式（3-54）中，得到

$$I_{k*} = \dfrac{1}{|Z_{k\Sigma}|_*} \tag{3-56}$$

可见，短路电流标幺值是短路回路总阻抗标幺值的倒数。

将各个元件阻抗标幺值计算出来后，根据串并联关系求取阻抗标幺值总和，代入式（3-56）中，即可计算出短路电流标幺值。下面分别介绍各个元件的阻抗标幺值计算公式。

（1）电力系统电抗标幺值

$$X_{s*} = \dfrac{\dfrac{U_c^2}{S_k}}{|Z|_B} = \dfrac{\dfrac{U_c^2}{S_k}}{\dfrac{U_B^2}{S_B}} = \dfrac{\dfrac{U_{av}^2}{S_k}}{\dfrac{U_{av}^2}{S_B}} = \dfrac{S_B}{S_k} \tag{3-57}$$

（2）电力变压器阻抗标幺值

变压器的短路电抗标幺值为

供配电系统

$$X_{k \cdot T_*} \approx |Z_{k \cdot T}|_* = \frac{\frac{u_k\%}{100} \cdot \frac{U_{r \cdot T}^2}{S_{r \cdot T}}}{|Z|_B} = \frac{\frac{u_k\%}{100} \cdot \frac{U_{r \cdot T}^2}{S_{r \cdot T}}}{\frac{U_B^2}{S_B}} = \frac{u_k\%}{100} \cdot \frac{S_B}{S_{r \cdot T}} \tag{3-58}$$

在式（3-58）中，变压器额定电压近似等于系统平均电压，即等于基准电压，而且变压器额定电压和基准电压处于同一电压等级，所以两个电压值相等。

变压器的短路电阻标幺值为

$$R_{k \cdot T_*} = \frac{\Delta p_k \cdot \frac{U_{r \cdot T}^2}{S_{r \cdot T}^2}}{|Z|_B} = \frac{\Delta p_k \cdot \frac{U_{r \cdot T}^2}{S_{r \cdot T}^2}}{\frac{U_B^2}{S_B}} = \Delta p_k \cdot \frac{S_B}{S_{r \cdot T}^2} \tag{3-59}$$

（3）线路阻抗标幺值

线路电阻和电抗标幺值为

$$R_{l_*} = \frac{R_0 \cdot l}{|Z|_B} = \frac{R_0 \cdot l}{\frac{U_B^2}{S_B}} \tag{3-60}$$

$$X_{l_*} = \frac{X_0 \cdot l}{|Z|_B} = \frac{X_0 \cdot l}{\frac{U_B^2}{S_B}} \tag{3-61}$$

式中，U_B是线路所在系统的基准电压。

（4）限流电抗器电抗标幺值

$$X_{k \cdot R} = \frac{\frac{X_k\%}{100} \cdot \frac{U_{r \cdot R}}{\sqrt{3} I_{r \cdot R}}}{\frac{U_B^2}{S_B}} = \frac{X_k\%}{100} \cdot \frac{S_B}{\sqrt{3} I_{r \cdot R} \cdot U_B} \tag{3-62}$$

用标幺值法计算三相短路电流的步骤如下：
1) 选取基准值；
2) 计算短路回路中各个元件的阻抗标幺值；
3) 画出短路回路标幺值计算电路图，在图中标出各个元件的阻抗标幺值；
4) 计算短路回路总阻抗标幺值；
5) 计算短路电流周期分量有效值标幺值及有名值；
6) 计算短路冲击电流和冲击电流有效值；
7) 计算短路容量。

例3-2 用标幺值法计算图3-5所示系统的短路电流和短路容量。

解：（1）选取基准值

基准容量 $S_B = 100 \text{MV} \cdot \text{A}$，基准电压 $U_{B1} = 115 \text{kV}$，$U_{B2} = 10.5 \text{kV}$，$U_{B3} = 0.4 \text{kV}$

基准电流

$$I_{B1} = \frac{S_B}{\sqrt{3} U_{B1}} = \frac{100 \text{MVA}}{\sqrt{3} \times 115 \text{kV}} = 0.5 \text{kA}$$

$$I_{B2} = \frac{S_B}{\sqrt{3}U_{B2}} = \frac{100\text{MVA}}{\sqrt{3} \times 10.5\text{kV}} = 5.5\text{kA}$$

$$I_{B3} = \frac{S_B}{\sqrt{3}U_{B3}} = \frac{100\text{MVA}}{\sqrt{3} \times 0.4\text{kV}} = 144.3\text{kA}$$

(2) 计算短路回路中各个元件的电抗标幺值

1) 电力系统 S 电抗标幺值：

$$X_{1*} = \frac{S_B}{S_k} = \frac{100\text{MV}\cdot\text{A}}{500\text{MV}\cdot\text{A}} = 0.2$$

2) 线路 WL1 电抗标幺值：

$$X_{2*} = \frac{X_0 \cdot l}{|Z|_B} = \frac{0.4\Omega/\text{km} \times 80\text{km}}{\dfrac{(115\text{kV})^2}{100\text{MV}\cdot\text{A}}} = 0.242$$

3) 变压器 T_1 电抗标幺值：

$$X_{3*} = \frac{u_k\%}{100} \cdot \frac{S_B}{S_{r\cdot T}} = \frac{10.5}{100} \cdot \frac{100\text{MV}\cdot\text{A}}{40\text{MV}\cdot\text{A}} = 0.2625$$

4) 电抗器 X 电抗标幺值：

$$X_{4*} = \frac{X_k\%}{100} \cdot \frac{S_B}{\sqrt{3}I_{r\cdot R} \cdot U_B} = \frac{6}{100} \cdot \frac{100\text{MV}\cdot\text{A}}{\sqrt{3} \times 0.6\text{kA} \times 10.5\text{kV}} = 0.55$$

5) 电缆线路 WL2 电抗标幺值：

$$X_{5*} = \frac{X_0 \cdot l}{|Z|_B} = \frac{0.08\Omega/\text{km} \times 2.5\text{km}}{\dfrac{(10.5\text{kV})^2}{100\text{MV}\cdot\text{A}}} = 0.181$$

6) 变压器 T_2 和 T_3 电抗标幺值：

$$X_{6*} = X_{7*} = \frac{u_k\%}{100} \cdot \frac{S_B}{S_{r\cdot T}} = \frac{5}{100} \cdot \frac{100\text{MV}\cdot\text{A}}{1\text{MV}\cdot\text{A}} = 5$$

(3) 画出短路回路标幺值计算电路图（见图 3-9）

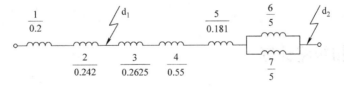

图 3-9 短路回路标幺值计算电路图

(4) 计算短路回路总电抗标幺值

1) d_1 点短路：

$$X_{\Sigma\_d_1*} = X_{1*} + X_{2*} = 0.2 + 0.242 = 0.442$$

2) d_2 点短路：

$$\begin{aligned}X_{\Sigma\_d_2*} &= X_{1*} + X_{2*} + X_{3*} + X_{4*} + X_{5*} + X_{6*} /\!/ X_{7*} \\ &= 0.2 + 0.242 + 0.2625 + 0.55 + 0.181 + 5/2 \\ &= 3.9355\end{aligned}$$

(5) 计算短路电流周期分量有效值标幺值及有名值

1) d_1 点短路：

$$I_{k\_d_1 *} = \frac{1}{X_{\Sigma\_d_1 *}} = \frac{1}{0.442}$$

$$I_{k\_d_1} = I_{k\_d_1 *} I_{B1} = \frac{1}{0.442} \times 0.5\text{kA} = 1.131\text{kA}$$

2) d_2 点短路：

$$I_{k\_d_2 *} = \frac{1}{X_{\Sigma\_d_2 *}} = \frac{1}{3.9355}$$

$$I_{k\_d_2} = I_{k\_d_2 *} I_{B3} = \frac{1}{3.9355} \times 144.3\text{kA} = 36.67\text{kA}$$

(6) 计算短路冲击电流和冲击电流有效值

1) d_1 点短路：

$$i_{ch\_d_1} = 2.55 I_{k\_d_1} = 2.55 \times 1.131\text{kA} = 2.88\text{kA}$$

$$I_{ch\_d_1} = 1.51 I_{k\_d_1} = 1.51 \times 1.131\text{kA} = 1.71\text{kA}$$

2) d_2 点短路：

$$i_{ch\_d_2} = 1.84 I_{k\_d_2} = 1.84 \times 36.67\text{kA} = 67.5\text{kA}$$

$$I_{ch\_d_2} = 1.09 I_{k\_d_2} = 1.09 \times 36.67\text{kA} = 40.0\text{kA}$$

(7) 计算短路容量

1) d_1 点短路：

$$S_{k\_d_1} = \sqrt{3} U_{c1} \times I_{k\_d_1} = \sqrt{3} \times 115\text{kV} \times 1.131\text{kA} = 225.3\text{MV} \cdot \text{A}$$

2) d_2 点短路：

$$S_{k\_d_2} = \sqrt{3} U_{c3} \times I_{k\_d_2} = \sqrt{3} \times 0.4\text{kV} \times 36.67\text{kA} = 25.4\text{MV} \cdot \text{A}$$

从例 3-1 和例 3-2 可以看出，有名值法和标幺值法在计算三相短路电流时结果基本相同。如果短路回路中只有一个电压等级，用有名值法计算比较简单，不需要变压器两侧的阻抗换算，也不需要标幺值和有名值之间的变换；如果短路回路中有多个电压等级，用标幺值法计算更为简便。

3.4 两相短路计算

不对称短路（两相短路、单相短路和两相短路接地）相比较于三相对称短路发生概率高很多，而且一般按照三相短路电流校验电气设备和线缆的稳定性，按照两相或单相短路电流校验保护装置的灵敏性，因此不对称短路电流计算也很必要。一般采用对称分量法计算不对称短路电流，将三相不对称参量分解为正、负和零序三组分量，计算每组分量下的短路电流，然后利用叠加原理得到总电流。对于无限大容量电力系统来说，可以按照工程上实用简便近似方法进行计算，既简单，结果又符合要求。下面介绍两相短路电流的计算方法。

图 3-10 为无限大容量电力系统发生两相短路的示意图。

由于短路回路电源电压为两相之间的相电压之差，即线电压 U_c，短路回路总电抗为 2 倍的每相总电抗，所以两相短路电流 I_{k2} 为

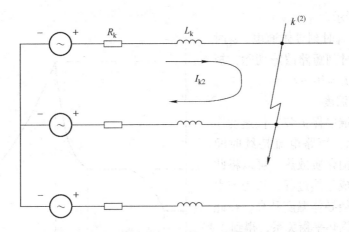

图 3-10　无限大容量电力系统发生两相短路的示意图

$$I_{k2} = \frac{U_c}{2Z_{k\Sigma}} = \frac{\sqrt{3}}{2} I_{k3} = 0.866 I_{k3} \tag{3-63}$$

从公式中可以看出，两相短路电流是三相短路电流的 0.866，比三相短路电流小。根据前面三相短路电流计算方法求解出三相短路电流周期分量后，代入式（3-63）即可计算出两相短路电流。两相短路冲击电流 i_{ch2} 及冲击电流有效值 I_{ch2} 与三相短路电流的关系为

$$\begin{cases} i_{ch2} = 0.866 i_{ch} \\ I_{ch2} = 0.866 I_{ch} \end{cases} \tag{3-64}$$

3.5　短路热效应和电动力效应

当电流通过设备和载流导体时，会在设备和导体中产生电动力，并使设备和导体温度升高，简称温升。系统发生短路时，所产生的短路电流比正常负荷电流大很多倍，因此产生的电动力和温升很大，如果超过了设备和导体的最大允许值，可能会损坏设备或线缆。所以在选择设备和线缆时，需要校验短路的热稳定性和动稳定性，以保证设备和线缆能够承受住最大短路产生的效应，保证设备和线缆不被损坏。下面介绍短路产生的热效应和电动力效应。

3.5.1　短路电流的热效应

短路电流通过设备和线缆时，在电阻上产生损耗，产生的热量使导体温度升高的作用和现象称为短路电流的热效应。短路电流热效应计算的目的是确定短路后导体达到的最高温度，并与短路最高允许温度进行比较，进行热稳定性校验，保证电气设备和线缆不会因为过热而损坏。

1. 发热过程

设备通电前，由于没有电流流过导体，所以导体温度等于周围环境温度 θ_0；当设备正常工作时，电流流过导体产生的热量一部分使导体温度升高，另一部分向周围介质散热，当发热量等于散热量时，达到动态平衡，导体温度不变，达到正常工作时的导体温度 θ_L；发生短路后，由于短路电流很大，产生热量多，导体温度快速上升，当短路故障被切除时，达到短路最高温度 θ_k，之后导体温度逐渐下降，降至周围环境温度。整个发热过程温度变化

情况如图 3-11 所示。

图 3-11 中，t_1 时刻导体通电，t_2 时刻发生短路，t_3 时刻短路故障切除，短路电流持续时间 $t_k = t_3 - t_2$。

2. 短路最高温度

由于短路后继电保护装置快速动作将短路故障切除，短路电流持续时间短，来不及向周围介质散热，可以将此段热力学过程看成绝热过程，认为产生的热量全部用来使导体温度升高，在此假设条件下，根据热平衡关系，得到

$$A(\theta_k) = \frac{1}{S^2} Q_k + A(\theta_L) \quad (3\text{-}65)$$

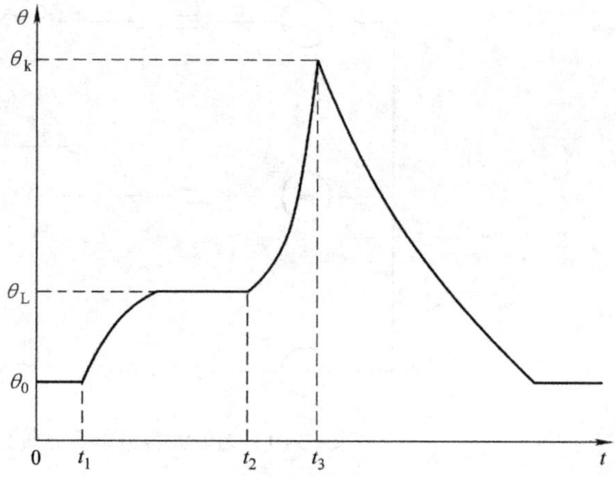

图 3-11 导体温度变化情况

式中，$A(\theta)$ 称为加热系数，是温度 θ 的函数，另外其值与导体材料有关；$A(\theta_k)$ 表示短路时的导体加热系数；$A(\theta_L)$ 表示正常负荷时的导体加热系数；S 为导体的截面积；Q_k 为短路热脉冲，其表达式为

$$Q_k = \int_0^{t_k} I_k^2(t) \, dt \quad (3\text{-}66)$$

式中，$I_k(t)$ 表示短路全电流有效值。

从式（3-65）可以看出，要想求出短路最高温度，首先需要计算出短路热脉冲。下面介绍短路热脉冲的含义及计算方法。

（1）短路热脉冲

短路热脉冲表示单位电阻在短路持续时间内产生的热量，其值越大，实际产生的热量越多，短路温度越高。短路热脉冲为积分形式，并且短路全电流随时间变化，采用数学方法计算比较复杂。在工程上，对于无限大容量电力系统，一般采用假想时间法计算短路热脉冲。下面介绍无限大容量系统中的假想时间方法。

假想时间法首先假设短路电流保持三相稳态短路电流 I_k 不变（即始终等于短路电流周期分量，是一个常数），那么在假想时间 t_{im} 内产生的热脉冲等于实际短路电流产生的热脉冲，即

$$Q_k = \int_0^{t_k} I_k^2(t) \, dt = I_k^2 t_{im}$$

$$(3\text{-}67)$$

用图形描述即为面积等效，如图 3-12 所示。

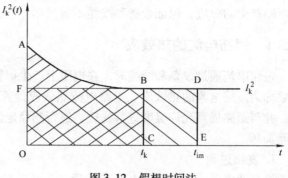

图 3-12 假想时间法

图 3-12 中 ABCO 所包围的阴影部分面积为实际产生的短路热脉冲，FDEO 所包围的阴影部分面积为假想时间法的等效热脉冲，两部分面积相等，并且由于短路全电流大于或等于

短路稳态电流,所以假想时间 t_{im} 始终大于短路电流持续时间 t_k。

根据短路全电流等于周期分量与非周期分量之和的关系,将短路热脉冲进行分解,得到

$$\int_0^{t_k} I_k^2(t)\,dt = \int_0^{t_k}[I_k^2 + i_f^2(t)]\,dt$$
$$= \int_0^{t_k} I_k^2\,dt + \int_0^{t_k} i_f^2(t)\,dt \tag{3-68}$$

并且令式 (3-68) 中,

$$\int_0^{t_k} I_k^2\,dt = I_k^2 t_{im\_zq} \tag{3-69}$$

$$\int_0^{t_k} i_f^2(t)\,dt = I_k^2 t_{im\_f} \tag{3-70}$$

由式 (3-67) ~ (3-70) 得到

$$t_{im} = t_{im\_zq} + t_{im\_f} \tag{3-71}$$

式中,t_{im_zq} 为周期分量假想时间,其等于短路电流持续时间 t_k,而非周期分量假想时间 t_{im_f} 取决于短路持续时间长短,一般按照下面方式简化取值:

如果 $t_k \geq 1s$,认为发热量主要由周期分量产生,忽略非周期分量影响,$t_{im\_f} = 0s$;

如果 $t_k < 1s$,考虑非周期分量作用,$t_{im\_f} = 0.05s$。

短路电流持续时间由继电保护装置的动作时间 t_{op} 和断路器跳闸时间 t_{off} 决定,即

$$t_k = t_{op} + t_{off} \tag{3-72}$$

式中,普通断路器跳闸时间 t_{off} 一般不超过 0.2s。

(2) 短路最高温度

加热系数函数表达式较为复杂,在工程计算中,将 $A(\theta)$ 制成曲线,如图 3-13 所示,通过查曲线即可计算出短路最高温度。

首先根据正常工作时的温度 θ_L 查曲线,得到 $A(\theta_L)$,将其和短路热脉冲 Q_k 代入式 (3-65) 中,得到 $A(\theta_k)$,查曲线即可得到短路最高温度 θ_k。

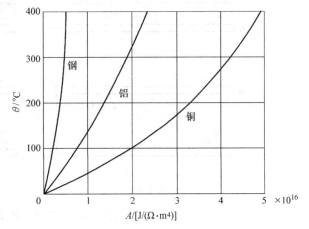

图 3-13 加热系数曲线

3.5.2 短路电流的电动力效应

短路电流通过导体时,会在导体间产生很大的电磁作用力,这就是短路电流的电动力效应。短路电流电动力效应计算的目的是确定短路后导体承受的最大电动力,并与最大允许电动力进行比较,进行动稳定性校验,保证电气设备和线缆不会因为力的作用而损坏。

1. 两根平行导体产生的电动力

如图 3-14 所示,l_1 和 l_2 为位于同一平面上的两根平行导体,导体长度为 l (m),两根导体间的中心距离为 a (m),流过导体的电流分别为 i_1 和 i_2 (kA),则导体间的电磁作用力为

$$F_{12} = F_{21} = 0.2 K_s i_1 i_2 \frac{l}{a} \tag{3-73}$$

式中,F_{12}(N)表示导体 l_2 对导体 l_1 的作用力,F_{21}(N)表示导体 l_1 对导体 l_2 的作用力,K_s 为矩形截面导体的形状系数,其与导体厚度、宽度和中心距离有关,可查表得出。根据右手螺旋定则和电磁力定律可判断出当两根导体中电流同方向时,力相吸,当电流反向时,力相斥。

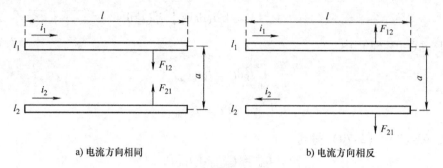

图 3-14 两根平行导体电动力
a) 电流方向相同　　b) 电流方向相反

2. 三相导体电动力

由于三相导体流过三相对称电流时,总有一相导体的电流方向与其他两相相反,可以分为边相导体电流方向相反和中间相导体电流方向相反两种情况,如图 3-15 所示。

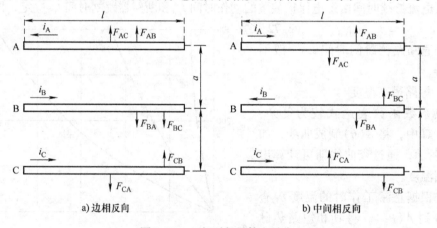

图 3-15 三相平行导体电动力
a) 边相反向　　b) 中间相反向

根据前面介绍的两根平行导体电动力方向判断方法,得到每相导体的受力情况,如图 3-15 所示。从图中可以看出中间相可能会产生最大的电动力。通过短路冲击电流时产生的电动力最大,为

$$F_{max} = 0.173 K_s i_{ch}^2 \frac{l}{a} \tag{3-74}$$

式中,F_{max} 为短路最大电动力,单位为 N;i_{ch} 为短路冲击电流,单位为 kA。

思考题与习题

3-1 短路全电流由哪两部分组成?

3-2 标幺制工程体系中,容量基准值通常取多少?

3-3 短路电流产生的两种效应分别是什么？

3-4 工频为50Hz的电网，短路电流最大值出现在哪个时刻？

3-5 以高压架空线路为例，分析短路全电流取得极大值的条件，给出详细的推导过程和结论，并举例说明。

3-6 写出标幺制工程体系中，基值 U_{B1}、U_{B2} 和 U_{B3} 的选取规则，并从原理性角度和工程应用实际角度出发，阐述制定该规则的步骤。

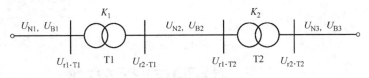

图 3-16 题 3-6 图

3-7 写出三相系统Y接时，线电压与相电压之间、线电流与相电流之间的基值选取规则并给出推导过程。

3-8 解释短路全电流公式中各项、各个因子及各个变量的含义。

3-9 某供电系统如图 3-17 所示，试用标幺值法计算系统在 d−1 点发生三相短路时的三相短路电流和短路容量。

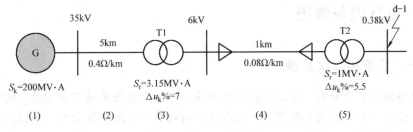

图 3-17 题 3-9 图

3-10 某工厂的供电系统如图 3-18 所示。已知电力系统出口断路器断流容量为 300MV·A，架空线上单位长度电抗为 0.35Ω/km，短路电压百分数 $u_k\% = 5$。试利用有名值法求工厂变电所高压 10kV 母线上 d−1 点短路和低压 380V 母线上 d−2 点短路的三相短路电流（周期分量有效值、冲击电流、冲击电流有效值）和短路容量。

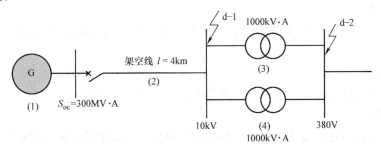

图 3-18 题 3-10 图

第 4 章

供配电系统的一次电气设备

4.1 电气设备概述

4.1.1 一次系统和二次系统

工程上将电力系统分为一次系统和二次系统。电作为能源传输和分配经过的部分称为一次系统,也称为一次电路或主电路,一次系统中所有的电气设备都称为一次设备。二次系统是对一次系统进行控制、监视、测量和保护的系统,也称为二次电路或二次回路,二次系统中的电气设备称为二次设备。供配电系统和变配电所也有相似的划分方法。

4.1.2 一次电气设备分类

按照功能将一次设备分为以下几类:

1. 控制设备

用于控制电路通断或设备投切的电气设备,例如高、低压断路器和低压刀开关等开关设备。

2. 变换设备

用于变换电压或电流等级的设备,例如电力变压器和互感器。

3. 保护设备

用于对系统进行过电流或过电压保护的电气设备,例如熔断器和避雷器等。

4. 补偿设备

用于对系统的无功功率进行补偿,提高系统的功率因数的电气设备,例如电力电容器。

5. 成套配电装置

按照接线单元方案,将有关的一次设备和二次设备组合成一体的整套电气装置,例如,高压开关柜、低压配电屏、动力和照明配电箱等。

主要一次电气设备的图形符号和文字符号见表4-1。

表 4-1 主要一次电气设备

序号	设备名称	图形符号	文字符号	序号	设备名称	图形符号	文字符号
1	双绕组变压器		T	10	断路器		QF
2	三绕组变压器	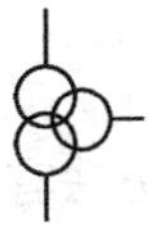	T	11	隔离开关		QS
3	避雷器		F	12	负荷开关		QL
4	电力电容器		C	13	刀开关		QK
5	具有一个二次绕组的电流互感器	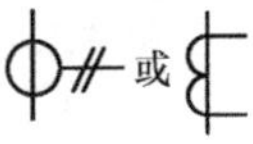	TA	14	熔断器	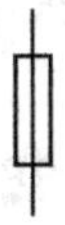	FU
6	具有两个二次绕组的电流互感器		TA	15	刀熔开关		QKF
7	电压互感器		TV	16	接触器		KM
8	三绕组电压互感器		TV	17	电缆终端头		X
9	母线	——	WB	18	输电线路		WL

4.1.3 电弧及灭弧方法

1. 电弧产生的原因

电弧是开关设备在通断负荷电流或断开短路电流时产生的一种电游离现象，具有高温、强光的特点，对供配电系统的安全运行及设备和人身安全都会产生影响，应采取措施快速将其熄灭。

电弧产生的根本原因是由于开关触头在分断电流时，触头间电场强度较大，使得触头及其周围介质中的电子被电游离而形成电弧。

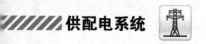

2. 电弧的危害

电弧具有以下主要危害：

1）电弧会延长短路持续时间。
2）电弧会使开关触头变形，使触头接触不良或损坏触头。
3）电弧的强光会损伤人的视力。
4）会产生电弧短路。

3. 灭弧方法

灭弧的关键在于使去游离速度大于游离速度，常用的灭弧方法有以下几种：

1）灭弧介质法。将触头放置在真空或六氟化硫容器内，利用介质的绝缘性能，缺乏导电介质不能维持电弧燃烧进行灭弧。
2）速拉灭弧法。迅速拉长电弧，使电场强度下降，加快去游离过程。
3）冷却灭弧法。用冷却绝缘介质降低电弧温度，加快去游离过程，减弱游离过程，熄灭电弧。
4）吹弧法。采用绝缘介质吹弧，将电弧拉长、加速电弧冷却，降低电场强度，加速去游离速度，快速熄灭电弧。

4.2 电力变压器

电力变压器是变配电所中最重要的电气设备之一，其具有变换电压等级的作用，满足发电、输电、配电和用电各个环节不同的电压要求。

4.2.1 电力变压器的分类

电力变压器有多种不同的分类标准，在每种分类标准下有很多类别。

1）按照功能分类。变压器分为升压变压器和降压变压器，升压变压器设置在发电厂附近。供配电系统中用降压变压器实现降压作用，给各种电压等级设备供电。
2）按照相数分类。分为三相变压器和单相变压器。在电力系统中，三相变压器数量居多。
3）按照绕组导体材质分类。分为铜绕组变压器和铝绕组变压器，铜绕组变压器损耗小，但成本高。
4）按照绕组形式分类。分为双绕组变压器和三绕组变压器。双绕组变压器有一个二次绕组；三绕组变压器有两个二次绕组，可以输出两种不同的电压等级，如10kV和20kV。
5）按照调压方式分类。分为有载调压和无载调压。对电压水平要求较高的场合一般采用有载调压。
6）按照冷却和绝缘方式分类。分为油浸式变压器、干式变压器和充气式变压器。
7）按照用途分类。分为普通变压器和防雷变压器等。

4.2.2 电力变压器的结构

电力变压器主要由一次绕组、二次绕组和铁心组成，一次绕组和二次绕组是变压器的电路部分，铁心是变压器的磁路部分。图4-1是油浸式三相电力变压器的外观结构及部分内部结构。

第 4 章 供配电系统的一次电气设备

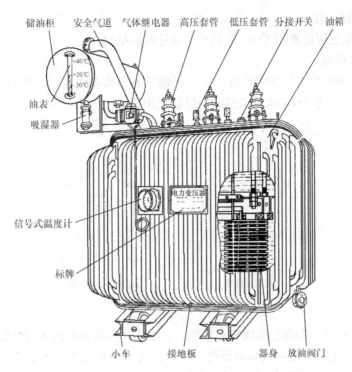

图 4-1 油浸式三相电力变压器外观结构及部分内部结构

4.2.3 电力变压器的全型号

电力变压器的全型号表示方法及各符号含义如图 4-2 所示。

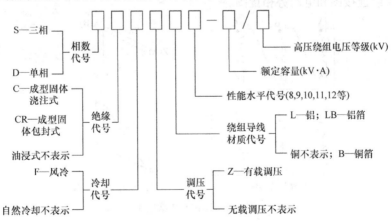

图 4-2 电力变压器的全型号表示方法及各符号含义

4.2.4 电力变压器的联结组别

电力变压器的联结组别表示一次绕组、二次绕组的连接方式，及一次绕组和二次绕组对应线电压之间的相位关系。一次绕组用大写字母 Y 表示星形联结、D 表示三角形联结，二次绕组用小写字母 y 表示星形联结、d 表示三角形联结，N 和 n 表示星形联结并引出中性线，相位关系用数字表示。

6~10kV 配电变压器常用 Yyn0 和 Dyn11 两种联结组别。

1. Yyn0 联结组别

Yyn0 联结组别的二次侧有中性线引出，提供三相四线制供电，一次侧和二次侧对应线电压同相位。图 4-3 为 Yyn0 联结组别的绕组连接图和电动势相量图。

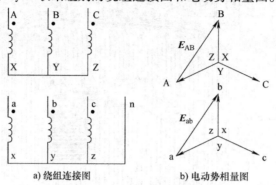

图 4-3　Yyn0 联结组别

Yyn0 联结组别的一次绕组绝缘要求较低、成本低；但线路中的 $3n$ 次谐波电流会注入高压电网中，且中性电流不能超过相电流的 25%，因此在中性电流较大或 $3n$ 次谐波电流较大的场合不宜采用 Yyn0 联结组别。

2. Dyn11 联结组别

在 Dyn11 联结组别中，由于一次绕组是三角形联结，所以 $3n$ 次谐波在一次绕组中形成环流，不会注入高压电网，且其带单相不平衡负载能力较强，应优先选用。图 4-4 为 Dyn11 联结组别的绕组连接图和电动势相量图。

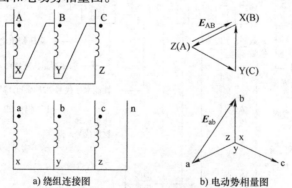

图 4-4　Dyn11 联结组别

4.2.5　电力变压器的实际容量与过载能力

1. 电力变压器额定容量

电力变压器的额定容量是指在规定的环境温度下，在室外安装，能够达到设计寿命时，所能连续输出的最大视在功率，用 $S_{r.T}$ 表示。

我国电力变压器有 R10 和 R8 两种容量系列。R10 容量系列是指电力变压器的额定容量按照 $\sqrt[10]{10}=1.26$ 倍递增；R8 容量系列是指电力变压器的额定容量按照 $\sqrt[8]{10}=1.33$ 倍递增。

R10 容量系列容量等级更加密集，便于变压器的选择，因此现在普遍采用该系列。R10 系列的额定容量有 630kV·A、800kV·A、1000kV·A、1250kV·A、1600kV·A、2000kV·A 等。

2. 电力变压器实际容量

如果电力变压器的安装环境温度与规定温度不等，则需要进行换算。

1) 室外安装的变压器：室外平均温度为 20℃，每升高 1℃，变压器容量减小 1%，即

$$S'_{r\cdot T} = \left(1 - \frac{\theta - 20}{100}\right)S_{r\cdot T} \tag{4-1}$$

2) 室内安装的变压器：室内散热条件差，一般室内比室外高 8℃，因此变压器容量减小 8%，即

$$S'_{r\cdot T} = \left(0.92 - \frac{\theta - 20}{100}\right)S_{r\cdot T} \tag{4-2}$$

式（4-1）和式（4-2）中，$S'_{r\cdot T}$ 表示换算后的变压器实际容量；θ 表示安装处的平均温度。

3. 电力变压器的正常过负荷和事故过负荷能力

电力变压器的额定容量是按照最大负荷配置的，但是实际负荷是变化的，变压器的额定容量没有被充分利用，因此变压器可以考虑过负荷运行，室内变压器允许最大 20% 过负荷，室外变压器允许最大 30% 过负荷。

电力变压器发生事故时，允许大幅度的短时过负荷运行，但是对运行时间有限制，具体要求见表 4-2。

表 4-2 变压器事故过负荷量值及允许时间

	过负荷百分值（%）	30	45	60	75	100	200
油浸自冷式变压器	过负荷时间/min	120	80	45	20	10	1.5
干式变压器	过负荷百分值（%）	10	20	30	40	50	60
	过负荷时间/min	75	60	45	32	16	5

4.3 互感器

互感器是一种连接一次系统和二次系统的电气设备，其将一次系统的高电压或大电流变换为二次系统的低电压或小电流，给测量仪表和继电器供电。互感器分为电流互感器和电压互感器，可以看成是特殊的变压器。

互感器主要有以下几个优点：

1) 隔离一次系统和二次系统，避免一次系统的高电压引入二次系统，且二次系统故障不会影响一次系统，提高一次系统和二次系统的可靠性和安全性。

2) 将一次系统的高电压或大电流变换为二次系统的低电压（额定电压 100V）或小电流（5A，1A），使测量仪表和继电器等二次设备标准化、小型化，便于批量生产，并降低成本。

3) 扩大仪表和继电器的适用范围，通过互感器变换电压和电流，可以去测量任意大小的一次系统。

4.3.1 电流互感器

1. 电流互感器结构

电流互感器结构接线图如图 4-5 所示。由于一次绕组流过大电流,所以绕组匝数少、截面积大,有的电流互感器没有一次绕组,用穿过铁心的一次线路作为一次绕组,此时一次绕组匝数为 1。二次绕组流过小电流,匝数多、截面积小。一次绕组串接于一次系统中,由于电流互感器一次绕组的阻抗很小,所以对一次系统基本没有影响,二次绕组与仪表、继电器等的电流线圈相串联,构成闭合回路。由于这些电流线圈的阻抗很小,所以电流互感器工作时,二次回路接近于短路。

一次电流和二次电流之比定义为电流互感器的电流比,用 K_i 表示

$$K_i = \frac{I_{1N}}{I_{2N}} = \frac{N_2}{N_1} \tag{4-3}$$

式中,I_{1N} 和 I_{2N} 分别为一次绕组和二次绕组的额定电流,N_1 和 N_2 分别为一次绕组和二次绕组的匝数。

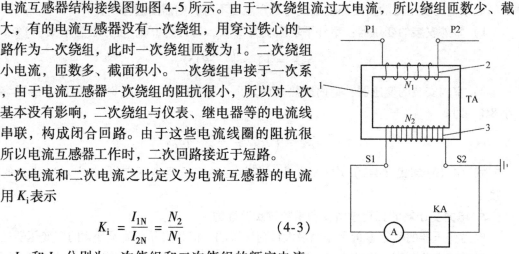

图 4-5 电流互感器结构接线图
1—铁心 2——次绕组 3—二次绕组

2. 电流互感器在三相电路中的接线方案

电流互感器在三相电路中有 4 种常见的接线方案。

1) 一相式接线。如图 4-6a 所示,这种接线方案只使用了一个电流互感器、一个仪表或继电器的电流线圈,互感器的一次绕组串接于某相线路上,电流线圈按照比例(例如,100A/5A)反映该相线路的电流大小,用于三相负荷平衡的电路中。

2) 两相不完全星形接线。如图 4-6b 所示,这种接线方案使用了两个电流互感器,一般串接于 A 相和 C 相上,用于三相三线制线路中,测量电流、电能和过电流保护。由于三相电流之和为零,所以 3 个仪表或继电器电流线圈分别反映一次电路三相电流的大小。

3) 两相电流差接线。如图 4-6c 所示,这种接线方案使用了两个电流互感器,一个继电器的电流线圈,流过继电器的电流为两相电流的差值,幅值为相电流的 $\sqrt{3}$ 倍,在三相三线制电路中用作过电流保护。

4) 三相星形接线。如图 4-6d 所示,这种接线方案使用了 3 个电流互感器、3 个仪表或继电器的电流线圈,每个电流线圈分别反映对应相的电流,广泛用于三相负荷不平衡的三相四线制或三线制电路中,用于测量电流、电能和过电流保护。

3. 电流互感器的型号和准确度等级

(1) 电流互感器的全型号 电流互感器的全型号表示方法及各个符号的含义如图 4-7 所示。

图 4-8 为 LQJ-10 型电流互感器外形结构。

(2) 电流互感器误差和准确度等级 电流互感器的误差分为电流误差和角误差,电流误差表示二次侧测得的电流 $K_i I_2$ 与一次侧实际电流 I_1 之间的差值百分比:

$$\Delta I = \frac{K_i I_2 - I_1}{I_1} \times 100 \tag{4-4}$$

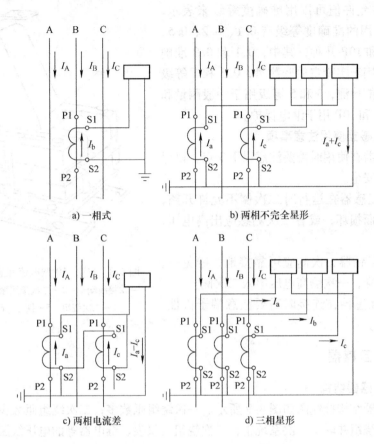

图 4-6　电流互感器在三相电路中的接线方案

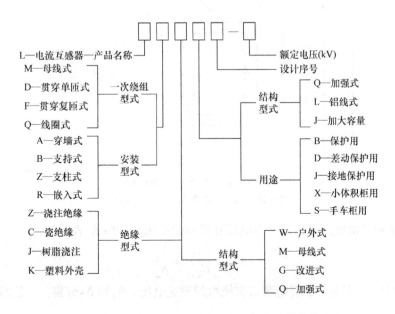

图 4-7　电流互感器的全型号表示方法及各个符号的含义

电流误差允许值可以用准确度等级来表示，电流互感器常用的准确度等级有 0.1、0.2、0.5、1、3、5、5P 和 10P 几种，其中，0.1 和 0.2 准确度等级互感器用于实验室精密测量，0.5 和 1 等级用于计费和电能检测，3 和 5 等级用于一般测量和继电保护，5P 和 10P 用于继电保护。

4. 电流互感器使用注意事项

电流互感器在使用时需要注意以下 3 点，以保证人身和设备安全。

1) 电流互感器在运行时二次侧不允许开路，以免铁心过热而损坏，或者二次侧感应出高电压，危及人身安全。

2) 电流互感器二次侧应可靠接地，避免一、二次侧绝缘击穿，一次侧高电压串入二次侧。

3) 电流互感器在连接时需要注意端子极性，以免测量错误。

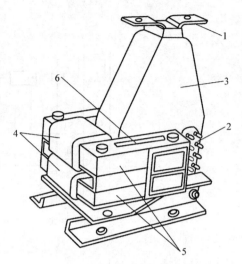

图 4-8　LQJ-10 型电流互感器外形结构
1——次接线端子　2—二次接线端子　3——次绕组
4—二次绕组　5—铁心　6—警示牌

4.3.2　电压互感器

1. 电压互感器结构

电压互感器结构接线图如图 4-9 所示。一次绕组匝数多，二次绕组匝数少，相当于降压变压器。一次绕组并联于一次系统中，二次绕组与仪表、继电器等的电压线圈相并联。由于电压线圈阻抗很大，所以电压互感器工作时，二次回路接近于空载状态。

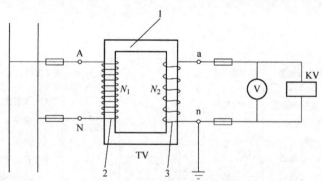

图 4-9　电压互感器结构接线图
1—铁心　2——次绕组　3—二次绕组

一次电压和二次电压之比定义为电压互感器的电压比，用 K_u 表示

$$K_u = \frac{U_{1N}}{U_{2N}} = \frac{N_1}{N_2} \tag{4-5}$$

式中，U_{1N} 和 U_{2N} 分别为一次绕组和二次绕组的额定电压，N_1 和 N_2 分别为一次绕组和二次绕组的匝数。

2. 电压互感器在三相电路中的接线方案

电压互感器在三相电路中有如下 4 种常见的接线方案。

1）一个单相电压互感器。接继电器或仪表用于测量某两相间的线电压或一相对中性点的相电压。用于对称三相电路，如图 4-10a 所示。

2）两个单相电压互感器接成 V/V 形。接继电器或仪表用于测量各个线电压。用于三相三线制电路，如图 4-10b 所示。

3）三个单相电压互感器接成 Y_0/Y_0 形。用于测量各个线电压，并可对相电压进行绝缘监视，如图 4-10c 所示。

4）$Y_0/Y_0-\triangle$ 接线。用 3 个三绕组单相电压互感器或 1 个三相五心柱式三绕组电压互感器，一次绕组为 Y_0 接法，二次侧两个三相绕组分别是 Y_0 和开口三角形连接法，可用于测量相电压、线电压和绝缘监视，开口三角形为辅助二次绕组，接过电压继电器，当系统正常运行时，开口三角形两端电压为零，当小接地系统发生单相接地故障时，开口两端之间的电压为 100V，过电压继电器动作，给出故障报警信号，如图 4-10d 所示。

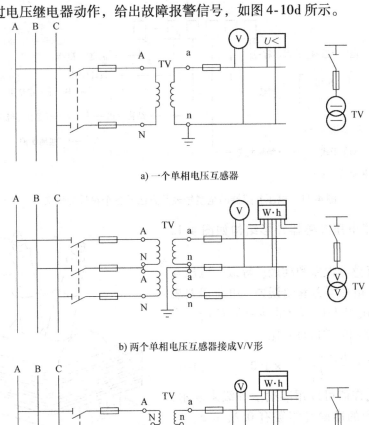

a) 一个单相电压互感器

b) 两个单相电压互感器接成 V/V 形

c) 三个单相电压互感器接成 Y_0/Y_0 形

图 4-10 电压互感器在三相电路中的接线方案

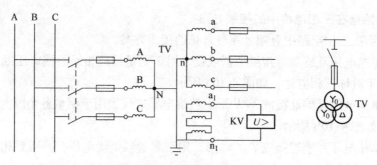

d) 三绕组单相电压互感器接成Y₀/Y₀-△形

图 4-10 电压互感器在三相电路中的接线方案（续）

3. 电压互感器的型号和准确度等级

（1）互感器的全型号 电压互感器的全型号表示方法及各个符号的含义如图 4-11 所示。

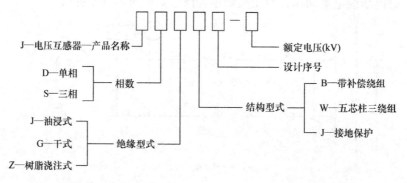

图 4-11 电压互感器的全型号表示方法及各个符号的含义

JDZJ-10 型电压互感器外形结构如图 4-12 所示。

（2）电压互感器误差和准确度等级 电压互感器的误差分为电压误差和角误差，电压误差表示二次侧测得的电压与电压比的乘积 $K_u U_2$ 与一次侧实际电压 U_1 之间的差值百分比

$$\Delta U = \frac{K_u U_2 - U_1}{U_1} \times 100 \qquad (4\text{-}6)$$

电压误差允许值可以用准确度等级来表示，电压互感器常用的准确度等级有 0.2、0.5、1、3、3P 和 6P 几种，其中 0.2 准确度等级互感器用于实验室精密测量，0.5 和 1 等级用于计费和电能检测，3 等级用于一般测量和某些继电保护，3P 和 6P 用于继电保护。

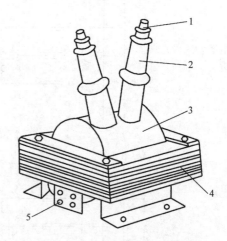

图 4-12 JDZJ-10 型电压互感器外形结构
1——次接线端子 2—高压绝缘套管
3——、二次绕组 4—铁心 5—二次接线端子

4. 电压互感器使用注意事项

电压互感器使用时需要注意以下 3 点：

1) 电压互感器在工作时二次侧不允许短路,否则会由于过电流损坏绕组。

2) 电压互感器二次侧应可靠接地,避免一、二次侧绝缘击穿时一次侧高电压串入二次侧。

3) 电压互感器在接线时需要注意端子极性,以免测量错误或保护误动作。

4.4 熔断器

熔断器文字符号是 FU,是供电系统中的保护电器,其串联在线路的首端,对线路及设备进行短路保护,有的也可以进行过负荷保护。

按照电压等级,熔断器分为高压熔断器和低压熔断器;按照安装场所,分为户内和户外熔断器。室内高压熔断器广泛使用 RN1 和 RN2 等型高压管式熔断器;户外高压熔断器广泛使用 RW4 和 RW10 等型高压跌开式熔断器。

4.4.1 高压熔断器

高压熔断器的全型号表示方法及各个符号的含义如图 4-13 所示。

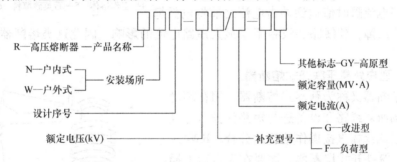

图 4-13 高压熔断器的全型号表示方法及各个符号的含义

1. RN1 和 RN2 型户内高压管式熔断器

RN1 和 RN2 型熔断器的结构基本相同,都是瓷质熔管内充石英砂填料的密闭管式熔断器,如图 4-14 所示。

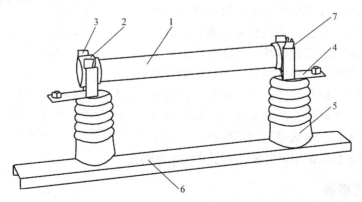

图 4-14 RN1 和 RN2 型熔断器外形结构
1—瓷熔管 2—金属管帽 3—弹性触座 4—接线端子 5—支柱瓷瓶 6—底座 7—熔断指示器

RN1型熔断器正常工作时通过主电路的负荷电流，因此结构尺寸较大，主要对线路和设备进行短路保护，也可以进行过负荷保护。RN2型熔断器熔体额定电流为0.5A，结构尺寸小，瓷质熔管较细，用来对电压互感器一次侧进行短路保护。

图4-15为RN1和RN2型熔断器瓷质熔管的横向剖面图。

工作熔体铜熔丝上焊有小锡球，锡的熔点较低，在过负荷电流通过时因过热而熔化，包围铜熔丝，铜锡分子相互渗透形成铜锡合金，铜锡合金较铜熔点低，因此工作熔体可以在通过过负荷电流或较小短路电流时熔断，灵敏性较高，工作熔体熔断后指示熔体也相继熔断，红色熔断指示器被弹出，给出熔断指示信号。熔体熔断时产生并行电弧，利用粗弧分细灭弧法能够加速电弧熄灭，并且电弧在石英砂内燃烧，灭弧速度较快，在短路电流瞬时值达到冲击电流之前将电弧熄灭，切除短路故障，使线路和设备不受最大短路电流的影响，因此这类熔断器属于限流熔断器。

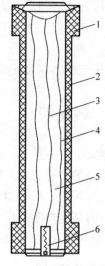

图4-15　RN1和RN2熔管横向剖面图
1—管帽　2—瓷管　3—指示熔体
4—工作熔体　5—石英砂填料　6—熔断指示器

2. RW4型户外高压跌开式熔断器

跌开式熔断器又称为跌落式熔断器，用在环境正常的室外场所对线路和设备进行短路保护，并且能够利用高压绝缘棒直接操作熔管的分合。RW4-10（G）为一般跌开式熔断器，需要在无负荷下操作或能够通断小容量空载变压器或空载线路，其外形结构如图4-16所示。

RW4-10（G）熔断器串联在线路首端，正常工作时，熔管上端的动触头由于熔丝的张力而拉紧，用高压绝缘操作棒将熔管和上动触头推入上静触头锁紧，下动触头和静触头也相互压紧，电路导通。发生短路故障时，熔丝熔断，上动触头由于失去张力而下翻，锁紧机构释放熔管，在触头弹力和熔管自重的作用下，熔管回转跌开，跌开后有明显可见的断开间隙。熔断器在产生电弧时使熔管内壁产生气体，吹灭电弧，电弧熄灭速度较慢，不能在短路电流达到冲击值之前熄灭电弧，属于非限流熔断器。

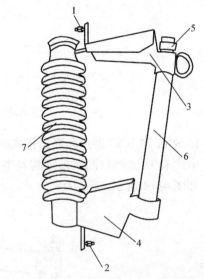

图4-16　RW4-10（G）熔断器外形结构
1—上接线端子　2—下接线端子　3—上动触头
4—下动静触头　5—管帽　6—熔管　7—绝缘瓷瓶

4.4.2　低压熔断器

低压熔断器主要在低压配电系统中进行短路保护，也可进行过负荷保护，可以与其他开关电器组合构成组合电器，实现各种功能。

低压熔断器的全型号表示方法及各个符号的含义如图4-17所示。

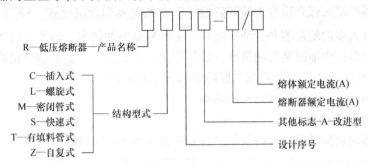

图4-17 低压熔断器的全型号表示方法及各个符号的含义

低压熔断器包括螺旋式、有填料密封管式、无填料密封管式和引进技术生产的有填料管式gF、aM系列等。下面介绍供配电系统中用得较多的无填料密封管式熔断器（RM10）。

RM10熔断器由纤维熔管、变截面锌熔片和触头底座等组成，熔管外形结构和变截面锌熔片如图4-18所示。

当发生短路时，由于短路电流很大，产生热量多，所以变截面锌熔片在较窄部分（电阻大，热量多）熔断，当通过过负荷电流时，由于熔断时间较长，熔片窄的部分散热好，熔片在宽窄之间的斜部熔断，根据熔片熔断部位可以判断故障类型。RM10熔断器灭弧能力较差，不能在短路电流达到冲击值之前熄灭电弧，属于非限流熔断器。

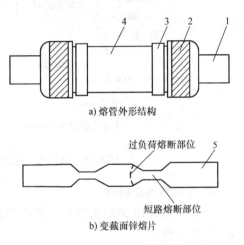

图4-18 RM10熔断器
1—刀形触头（触刀） 2—铜管帽 3—管夹
4—纤维熔管 5—变截面熔片

4.5 高压开关设备

高压开关设备包括高压断路器、高压隔离开关和高压负荷开关等。

4.5.1 高压断路器

1. 高压断路器功能

断路器文字符号为QF，高压断路器能够通断正常的负荷电流，并且在系统发生短路故障时，与继电保护装置配合实现自动跳闸，断开短路电流，切除短路故障。

高压断路器具有完善的灭弧装置，断流能力较强。但是高压断路器的触头在灭弧室中，触头状态不可见，不能以进行了断开操作，认定高压断路器处于开断状态。高压断路器自身没有动力，需要由操动机构驱动触头状态变化，所以高压断路器需要配合对应的操动机构来使用。

2. 分类

高压断路器按照灭弧介质分为油断路器、真空断路器和六氟化硫（SF_6）断路器等，其中油断路器又分为多油断路器和少油断路器。多油断路器油量多，油既可以作为灭弧介质又可以作为绝缘介质；少油断路器油量少，油只作为灭弧介质。过去少油断路器用得较多，现在35kV以下配电系统中广泛使用真空断路器和SF_6断路器。

按照安装场所，分为户内和户外断路器。

3. 全型号表示及含义

高压断路器的全型号表示方法及各个符号的含义如图4-19所示。

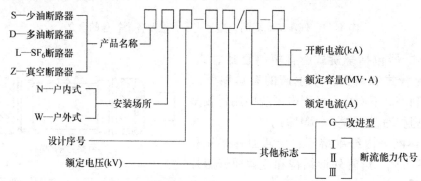

图 4-19 高压断路器的全型号表示方法及各个符号的含义

4. 常用高压断路器

下面简单介绍少油断路器、真空断路器和SF_6断路器。

（1）高压少油断路器　SN10-10型高压断路器是一种高压户内少油断路器，按照断流容量分为Ⅰ、Ⅱ和Ⅲ型，断流容量分别为300MV·A、500MV·A和750MV·A。图4-20和图4-21分别是SN10-10型高压断路器的外形结构和一相油箱剖面图。

SN10-10型高压断路器由油箱、框架和传动机构等组成，油箱是断路器的核心部件。油箱底部为基座，里面含有操作断路器动触头（导电杆）的转轴和拐臂等传动机构。油箱顶部是铝帽，铝帽上部是油气分离室，下部装有插座式静触头。

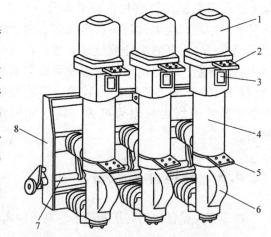

图 4-20 SN10-10型高压断路器外形结构
1—铝帽　2—上接线端子　3—油标　4—绝缘筒
5—下接线端子　6—基座　7—主轴　8—框架

断路器分闸时，导电杆向下运动，导电杆离开静触头时产生电弧，使油分解产生气体，静触头周围的气压剧增，迫使逆止阀（钢珠）向上堵住中心孔，电弧在密闭空间燃烧，灭弧室内的油压迅速增大。由于油气流横吹和纵吹电弧，及导电杆向下运动引起的油吹，电弧迅速熄灭。油气分离室将灭弧过程中产生的油气混合物旋转分离，气体从油箱顶部的排气孔排出，油附着油箱内壁流回到灭弧室。

第 4 章　供配电系统的一次电气设备

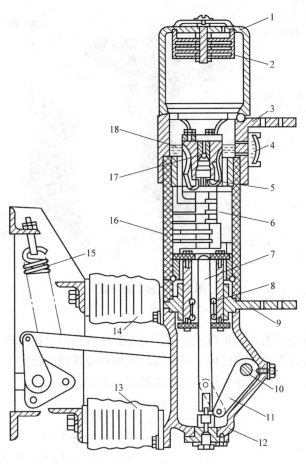

图 4-21　一相油箱剖面图

1—铝帽　2—油气分离器　3—上接线端子　4—油标　5—插座式静触头　6—灭弧室
7—动触头（导电杆）　8—中间滚动触头　9—下接线端子　10—转轴　11—拐臂　12—基座
13—下支柱瓷瓶　14—上支柱瓷瓶　15—断路弹簧　16—绝缘筒　17—逆止阀　18—绝缘油

SN10-10 型高压断路器可以配备 CD10 型电磁操动机构和 CT7 型弹簧操动机构。

（2）真空断路器　真空断路器是利用真空灭弧的断路器，其触头放在真空灭弧室中，为了防止在感性电路中切断电流时产生过电压，灭弧室并非完全真空，而是存在稀薄的气体，在带载断开触头时，高电场发射和热发射产生一点真空电弧，电弧在交流电流第一次过零时熄灭。

真空断路器具有动作快、体积小和寿命长等优点，适用于防火、防爆和频繁操作的场合。真空断路器也可以配备 CD10 型电磁操动机构和 CT7 型弹簧操动机构。图 4-22 是高压真空断路器的实物图。

（3）SF_6 断路器　SF_6 断路器是将 SF_6 气体作为灭弧和绝缘介质的一种高压断路器，SF_6 气体是一种无色、无味、无毒和不燃烧的惰性气体，其绝缘强度高、灭弧能力强，不需要经常检修，因此检修周期长。

SF_6 断路器绝缘性能好、灭弧速度快、寿命长，但是加工精度要求高、密封性能要求严格、价格相对昂贵，适用于频繁操作和易燃易爆的危险场合。

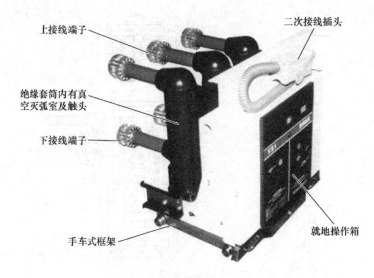

图 4-22 真空断路器

5. 操动机构

高压断路器、高压隔离开关和高压负荷开关需要配合操动机构完成分、合闸操作。按照动力划分，操动机构有手动操动机构、电磁操动机构和弹簧操动机构等。

操动机构的全型号表示及各个符号的含义如图 4-23 所示。

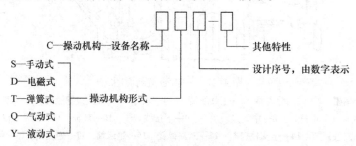

图 4-23 操动机构的全型号表示及各个符号的含义

（1）手动操动机构 CS　手动操动机构可以手动或远距离分闸，但是只能够手动合闸，无自动重合闸功能，采用交流操作电源供电，操作速度有限，结构简单，价格低廉。

（2）电磁操动机构 CD　电磁操动机构能够手动和远距离合闸、分闸，也可以自动重合闸，需要由大容量直流操作电源供电。图 4-24 为 CD10 型电磁操动机构传动原理示意图。

合闸时，合闸线圈通电，产生电磁力，驱动合闸铁心向上运动，撞向连杆滚轴，带动主轴转动，断路器合闸，辅助开关状态切换，连杆滚轴架在 L 形搭勾上，使断路器保持合闸状态，如图 4-24a 所示。

分闸时，分闸线圈通电，产生电磁力，驱动分闸铁心向上运动，撞向连杆滚轴传动部件，连杆滚轴从 L 形搭勾上滑落，在断路弹簧作用下，断路器分闸，并能够保持分闸状态，如图 4-24b 所示。

（3）弹簧操动机构 CT　弹簧操动机构利用弹簧拉伸和压缩存储的能量进行断路器分合闸操作，可以手动和远距离分合闸，并可以实现一次自动重合闸，交直流操作电源均可供

第 4 章 供配电系统的一次电气设备

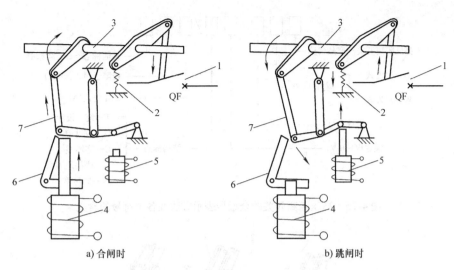

a) 合闸时　　　　　b) 跳闸时

图 4-24　CD10 型电磁操动机构传动原理
1—断路器主触头　2—断路弹簧　3—操动机构主轴　4—合闸线圈（带铁心）
5—跳闸线圈（带铁心）　6—L 形搭钩　7—连杆

电，现在使用较为广泛，但结构复杂、价格昂贵。

4.5.2　高压隔离开关

1. 高压隔离开关功能

隔离开关文字符号为 QS，高压隔离开关没有灭弧装置，触头状态明显可见，并且其开断状态具有自持性。高压隔离开关具有以下几个功能：

1）隔离电源电压，保证检修安全。高压隔离开关将检修部分与带电部分隔离，保证检修安全，例如，在断路器可能带电侧装设高压隔离开关，在检修高压断路器时，将隔离开关断开，高压断路器与电源隔离。

2）倒闸操作。高压隔离开关可以用于电力系统运行方式改变时的倒闸操作。例如，双母线主接线中，利用隔离开关将设备和线路切换到不同的母线上。

3）通断小电流电路。高压隔离开关可以通断一定的小电流，例如，励磁电流不超过 2A 的空载变压器和电压互感器等。

高压隔离开关与断路器配合使用时按照以下顺序进行操作：断开电路时，先断开高压断路器，再断开高压隔离开关；接通电路时，先闭合高压隔离开关，再闭合高压断路器。

2. 全型号表示及含义

高压隔离开关的全型号表示方法及各个符号的含义如图 4-25 所示。

GN8－10/600 型户内高压隔离开关外形结构如图 4-26 所示。

4.5.3　高压负荷开关

1. 高压负荷开关功能

负荷开关文字符号为 QL，具有简单的灭弧装置，可以通断正常负荷电流和过负荷电流，但是不能够断开短路电流，需要与熔断器配合使用，进行短路保护。负荷开关断开时，触头

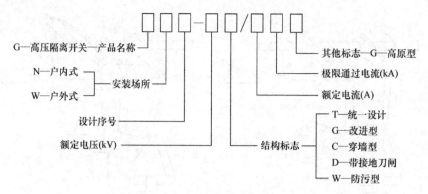

图 4-25 高压隔离开关的全型号表示方法及各个符号的含义

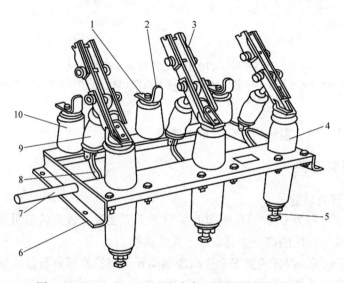

图 4-26 GN8-10/600 型户内高压隔离开关外形结构
1—上接线端子 2—静触头 3—闸刀 4—绝缘套管 5—下接线端子
6—框架 7—转轴 8—拐臂 9—升降瓷瓶 10—支柱瓷瓶

状态可见,因此也具有隔离电源,保证检修安全的作用。

2. 全型号表示及含义

高压负荷开关的全型号表示方法及各个符号的含义如图 4-27 所示。

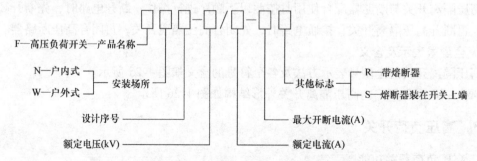

图 4-27 高压负荷开关的全型号表示方法及各个符号的含义

FN3-10R型高压负荷开关的外形结构如图4-28所示。

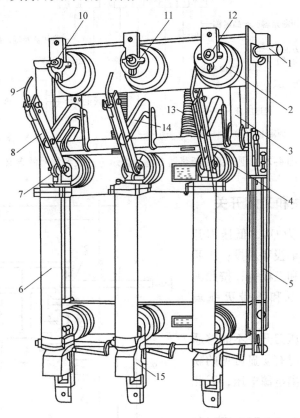

图4-28　FN3-10R型高压负荷开关的外形结构
1—主轴　2—上绝缘子　3—连杆　4—下绝缘子　5—框架　6—RN1型高压熔断器
7—下触座　8—闸刀　9—弧动触头　10—绝缘喷嘴（内有弧静触头）
11—主静触头　12—上触座　13—断路弹簧　14—绝缘拉杆　15—热脱扣器

4.6 低压开关设备

4.6.1 低压断路器

低压断路器又称为低压自动空气开关，能够带负荷不频繁通断电路，并且在短路、过负荷和低电压时自动跳闸，切除故障电路。

低压断路器有很多的分类方式，按照用途分为配电用、电动机用、照明用和漏电保护用等断路器；按照安装方式分为固定式、抽屉式和插入式等断路器。

国产低压断路器全型号表示方法及各符号的含义如图4-29所示。

图4-30是低压断路器的原理示意图。当发生短路故障时，过电流脱扣器动作，使断路器跳闸；当过负荷时，串联在一次电路中的电阻加热，使双金属片上翘，断路器跳闸；当电路失压时，失压脱扣器动作，使断路器跳闸；当按下脱扣按钮5时，使分励脱扣器4通电，实现断路器远距离跳闸控制。

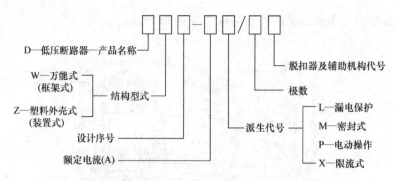

图4-29 国产低压断路器全型号表示方法及各符号的含义

4.6.2 低压刀开关和刀熔开关

刀开关文字符号为QK，低压刀开关按照操作方式分为单投和双投；按照极数分为单极、双极和三极等；按照灭弧结构分为带灭弧罩和不带灭弧罩两种。

不带灭弧罩的低压刀开关不能够通断负荷电流，在断开时有明显可见的断开间隙，可以用来隔离电源电压，因此也称为低压隔离开关。

带灭弧罩的低压刀开关可以通断负荷电流。

低压刀开关全型号表示及各符号的含义如图4-31所示。

将低压刀开关和低压熔断器组合构成熔断器式低压刀开关，简称刀熔开

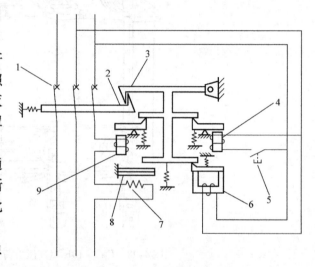

图4-30 低压断路器原理示意图
1—断路器主触头 2—跳钩 3—锁扣 4—分励脱扣器
5—脱扣按钮 6—失电压脱扣器 7—加热电阻丝
8—热脱扣器 9—过电流脱扣器

关，通常将刀开关的闸刀换成熔断器的熔管，文字符号为QKF，其兼具熔断器和刀开关双重功能，使用较为广泛。

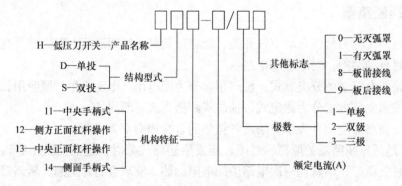

图4-31 低压刀开关全型号表示及各符号的含义

低压刀熔开关全型号表示方法及各符号的含义如图 4-32 所示。

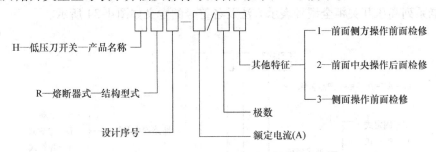

图 4-32　低压刀熔开关全型号表示方法及各符号的含义

4.6.3　低压负荷开关

负荷开关文字符号为 QL，低压负荷开关由带灭弧罩刀开关和低压熔断器串联而成，兼具两者功能，一般不能频繁操作，可以通断负荷电流，并进行短路保护，但是熔断后需更换熔体才能恢复正常工作。

低压负荷开关全型号表示方法及各符号的含义如图 4-33 所示。

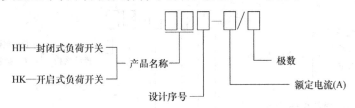

图 4-33　低压负荷开关全型号表示方法及各符号的含义

4.7　成套配电装置

成套配电装置是按照一定的线路方案，将有关的一次设备和二次设备组装在全封闭或半封闭金属柜体中的整体电气装置，具有接受电能、分配电能、保护、监视和测量等功能。成套配电装置分为高压开关柜、低压配电屏、照明配电箱和动力配电箱。

4.7.1　高压开关柜

高压开关柜是高压成套配电装置，其中装有高压断路器、高压隔离开关、互感器、熔断器、监测仪表、母线和绝缘子等设备。

各种高压开关柜都具有"五防"功能，即
1）防止误跳、误合断路器；
2）防止带负荷拉合隔离开关；
3）防止带电挂接地线；
4）防止带接地线合隔离开关；
5）防止人员误入开关柜的带电间隔。

通过在高压开关柜中装设闭锁装置可以防止电气误操作，保障人身安全。

国产高压开关柜全型号表示方法及各符号的含义如下：
1）老系列高压开关柜全型号表示方法及各符号的含义如图4-34所示。

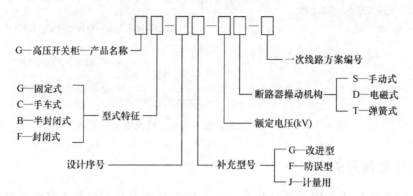

图4-34　老系列高压开关柜全型号表示方法及各符号的含义

2）新系列高压开关柜全型号表示方法及各符号的含义如图4-35所示。

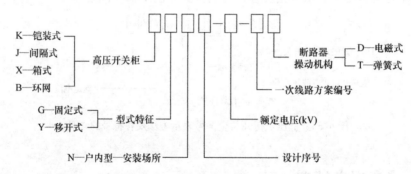

图4-35　新系列高压开关柜全型号表示方法及各符号的含义

高压开关柜按照安装方式分为固定式高压开关柜和手车式（移开式）高压开关柜。

1. 固定式高压开关柜

固定式高压开关柜的主要设备，例如，高压断路器、高压互感器和避雷器等都固定安装在柜体内的台架上，具有结构简单、便于安装和成本低的优点，但是在发生故障或设备检修时，需要长时间停电，故障排除或检修结束后才能恢复供电，因此供电可靠性较低，一般用在中小型变配电所和负荷不是很重要的场所，图4-36是高压固定开关柜的外形结构图。

2. 移开式高压开关柜

移开式高压开关柜的主要设备安装在可以移出柜体的手车上，当发生故障或检修设备时，将手车移出柜体，推入相同备用手车，即可恢复供电，只需短时停电，供电可靠性较高，用于中高压变配电所和重要负荷场所，图4-37是高压手车式开关柜的外形结构图。

4.7.2　低压配电屏

低压配电屏是低压成套配电装置，按照安装方式，分为固定式、抽屉式和组合式。
固定式低压配电屏的所有电气设备都是固定安装和固定接线。抽屉式低压配电屏将电气

第 4 章 供配电系统的一次电气设备

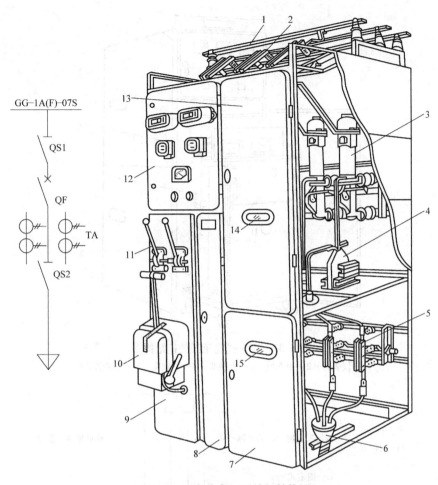

图 4-36 固定式高压开关柜结构图

1—母线 2—母线侧隔离开关（QS1，GN8-10 型） 3—少油断路器（QF，SN10-10 型）
4—电流互感器（TA，LQJ-10 型） 5—线路侧隔离开关（QS2，GN6-10 型） 6—电缆头
7—下检修门 8—端子箱门 9—操作板 10—断路器的手动操作机构（CS2 型） 11—隔离开关的操作手柄
12—仪表继电器屏 13—上检修门 14、15—观察窗口

设备安装在各个抽屉里，每个抽屉作为一个功能单元，按照接线方案，将有关功能抽屉叠装在金属柜体内，可按照需要将抽屉推入或抽出。组合式低压配电屏安装方式为固定和插入混合安装。低压配电屏全型号表示及各符号的含义如图 4-38 所示。

4.7.3 动力和照明配电箱

从低压配电屏引出的低压配电线路经过动力和照明配电箱将电能送给各台用电设备使用，动力和照明配电箱是供配电系统的最后一级控制和保护装置。

按照安装方式，动力和照明配电箱分为靠墙式、悬挂式和嵌入式。靠墙式是靠墙落地安装，悬挂式是挂在墙壁上明装，嵌入式是嵌在墙壁里暗装。动力配电箱主要对动力设备配电，也可以向照明设备配电。照明配电箱主要给照明设备配电，也可以向小容量的动力设备和家用电器配电。

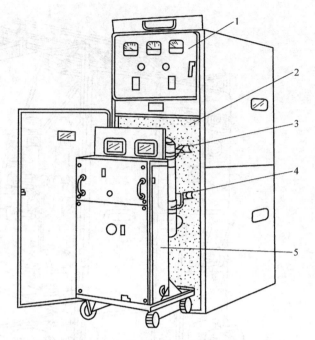

图 4-37 手车式高压开关柜结构图
1—仪表屏 2—手车室 3—上触头 4—下触头 5—断路器手车

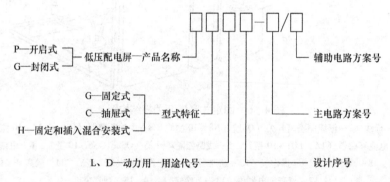

图 4-38 低压配电屏全型号表示及各符号的含义

思考题与习题

4-1 什么是一次系统？什么是二次系统？

4-2 写出电力变压器、高压断路器、高压隔离开关、高压负荷开关、熔断器和电流互感器的文字符号。

4-3 简述电流互感器和电压互感器使用注意事项。

4-4 简述电流互感器和电压互感器两侧绕组与一次系统和二次设备之间的连接方式及两侧绕组的结构特点。

4-5 电压互感器准确度等级为 0.5，解释其含义。

4-6 说出 RN1 和 RN2 型熔断器的相同点、区别及各自的应用场合和工作原理。

4-7 简述 RM10 型熔断器的工作原理。

第 4 章 供配电系统的一次电气设备

4-8 比较高压断路器、高压隔离开关和高压负荷开关的灭弧能力。

4-9 说出高压断路器和高压隔离开关在闭合和断开电路时的操作顺序，并给出原因。

4-10 简述低压断路器的工作原理。

4-11 比较电力变压器的 R8 和 R10 容量系列。

4-12 某户内高压隔离开关的设计序号为 8，额定电压为 6kV，额定电流为 200A，写出该设备的型号。

4-13 电流互感器准确度等级为 5P，其含义是什么？

4-14 写出 Dyn11 联结组别代表的含义。

4-15 图 4-39 为某 10kV 高压侧装置式主接线图，试分析：

1）进线柜中采用了哪些电气设备，并写出其文字符号；

2）说出上述各种电气设备的作用。

柜列编号	No.1	No.2	No.3	No.4	…
柜名	进线柜	计量柜	互感器柜	出线柜	…
方案编号	GG-1A(F)-07	GG-1A(J)-02	GG-1A(F)-54	GG-1A(F)-03	…
主接线方案	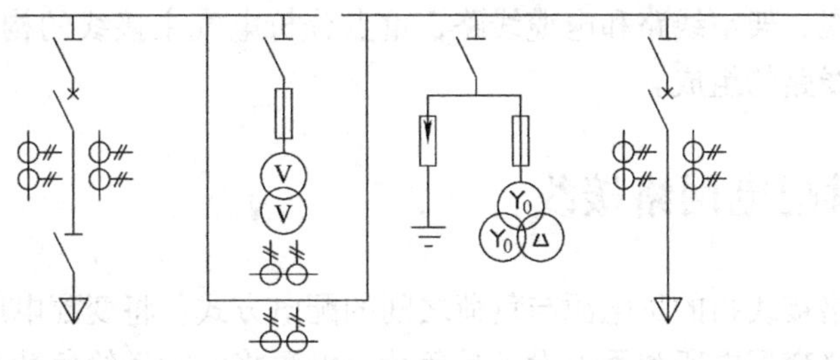				…

图 4-39 题 4-15 图

第 5 章 供配电系统接线

本章介绍供配电系统各种接线,包括网络接线(即电源与负荷之间的配电方式)、变配电所电气主接线、架空线路和电缆线路,重点分析电气主接线的构成、设备设置及优缺点,详细介绍架空线路的组成。

5.1 供配电网络接线

供配电网络接线指的是电源与负荷之间的配电方式。将变配电所的高压母线或低压母线看作电源,下级变配电所和用电设备是负荷,电源将电能送给负荷有很多种方式,由网络接线来描述和表示电源与负荷之间的配电方式。

网络接线的选择要综合考虑电源的数量和位置、负荷对供电可靠性的要求、负荷大小、负荷的分布和系统运行的灵活性等。

最基本的网络接线有 3 种,分别是:放射式、树干式和环形。由基本网络接线方式经过变换和组合可以得到很多其他网络接线,满足各种配电要求。

电力线路按照电压分类,1kV 以上称为高压线路;1kV 及以下称为低压线路。电力系统和供配电系统是三相系统,在表示连接关系时,各种接线图一般采用单线表示法,即将三相线路(也可能包括中性线和保护接地线)用一回线路来表示,将三相设备用设备的单相符号来表示。图 5-1 为同一系统的多线表示法和单线表示法。

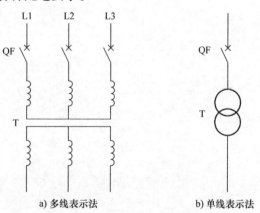

图 5-1 多线和单线表示方法

5.1.1 放射式

放射式配电是指一回线路只给一个负荷供电,图 5-2 是放射式配电的网络接线图。

图 5-3 是高压线路的单回路放射式配电电气接线图,图中,由总降压变配电所的 10kV 母线引出三回线路分别给下级车间变配电所和 10kV 高压用电设备供电,只能给三极负荷或容量较大且重要的专用设备供电。给二级负荷供电时,可增加公共备用线路,提高供电可靠性,如图 5-4 所示。

图 5-5 是高压线路的双回路放射式配电的电气接线图。每个负荷由两路进线供电,供电可靠性提高,可以给二级负荷供电,如果两回进线来自于两个独立的电源,还可以给一级负荷供电。

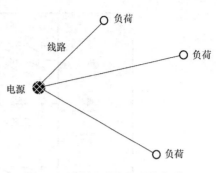

图 5-2 放射式配电的网络接线图

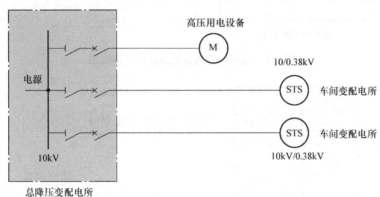

图 5-3 高压线路的单回路放射式接线图

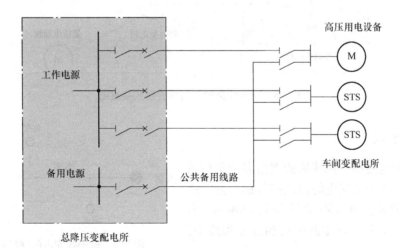

图 5-4 有公共备用线路的高压放射式接线图

图 5-6 是低压线路的单回路放射式配电的电气接线图。380V 低压母线引出两回线路,分别给动力配电箱和低压用电设备供电。

放射式配电各回线路之间互不影响,供电可靠性较高、操作维护方便,但是所用配电设备和有色金属材料多、成本高。

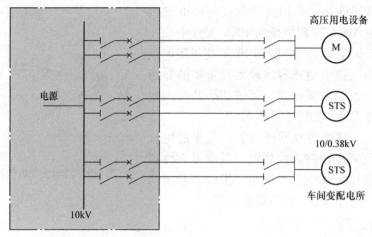

图 5-5　高压线路的双回路放射式接线图

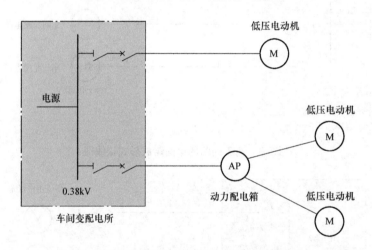

图 5-6　低压线路的单回路放射式接线图

5.1.2　树干式

树干式配电是指一回线路依次给多个负荷供电。图 5-7 是树干式配电的网络接线图。分支线与配电干线的连接方式有 T 接和 Π 接两种，Π 接将配电干线断开，两端断头接到分支母线上，可靠性较高。

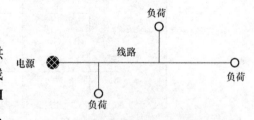

图 5-7　树干式配电的网络接线图

图 5-8 是高压线路的单回路树干式配电电气接线图。树干式配电所用线路和配电设备少，节省成本，但是负荷之间相互影响，可靠性较差。

5.1.3　环形

环形配电是树干式配电的延伸，将树干式配电线路末端接回到电源，构成环形结构，就

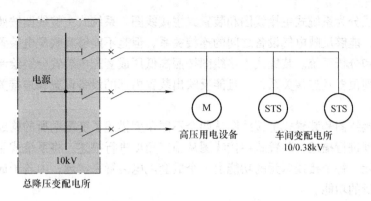

图 5-8　高压线路的单回路树干式接线图

是环形配电。图 5-9 是环形配电的网络接线图。

环形配电有单电源单环形配电方式、双电源单环形配电方式和双电源双环形配电方式，供电可靠性依次递增。图 5-10 是单电源单环形配电方式电气接线图，在配电干线分支点两端设置环路开关，具有隔离干线故障，提高供电可靠性的作用。例如，当干线 F 点发生短路故障时，将隔离开关 QS1 和 QS2 断开，即可切除故障干线，负荷恢复正常供电。

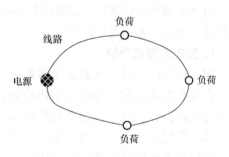

图 5-9　环形配电的网络接线图

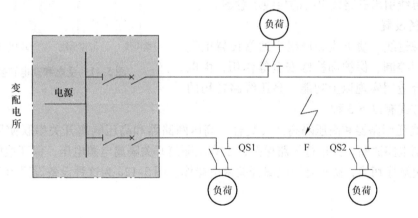

图 5-10　单电源单环形配电方式电气接线图

5.2　变配电所电气主接线

变配电所是供配电系统中的重要供电设施，是供配电网络接线中的点，电力线路是供配电系统中的线路设施，是供配电网络接线中的边。变配电所具有接受电能、分配电能和变换电压等级的作用，本节介绍和分析变配电所的电气主接线。

电气主接线描述的是一次系统的电路连接和设备设置情况，表达电能传输路径及每条路径上所设置的设备。

供配电系统

电气主接线分为系统式主接线图和装置式主接线图。系统式主接线图按照电能传输和分配的顺序绘制，能够反映电气设备之间的连接关系，但是不能够反映配电装置之间的位置关系，用于设计和分析系统。装置式主接线图按照高低压成套配电装置分别绘制，能够反映出装置之间的排列位置及连接关系，并且能反映出装置内部的设备设置和连接关系，用于施工和安装系统。

系统式主接线图和装置式主接线图从两个不同角度描述了变配电所的构成，系统式主接线图从原理角度进行描述，装置式主接线图从施工角度进行描述。将系统式主接线图划分成很多的接线单元，每个接线单元的功能由一个成套配电装置来实现，由若干成套配电装置共同实现变配电所的功能。

5.2.1 电气主接线的基本环节

电气主接线形式多样，在设计和分析电气主接线时可以从以下 3 个环节考虑：受电和馈电转换、设备设置和设置备用。

1. 受电和馈电转换

当有多路出线时，电源进线将电能送到母线上，由母线汇集电能，母线上引出多路出线，将电能分配出去，所以母线是受电和馈电转换的中间环节。母线相当于一个电气节点，有一定的长度，能够提供足够的连接位置。图 5-11 为一路电源进线经母线引出三路馈出线的接线示意图。

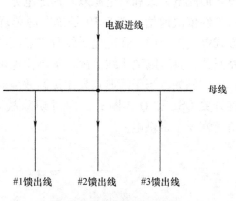

图 5-11 受电和馈电转换

2. 设备设置

在电源进线、馈出线和母线上通常设置电气设备，实现控制、保护和检修安全等作用，由电气设备组合应用实现以上功能。高压线路常用的设备设置方式有以下 3 种：

（1）高压断路器和高压隔离开关组合　高压断路器和高压隔离开关串联使用，由高压断路器控制电路通断，并进行短路保护，由高压隔离开关隔离电源电压，保证检修安全。两者按照规定顺序切换，防止高压隔离开关带电操作。图 5-12a 为这种设备设置示意图。

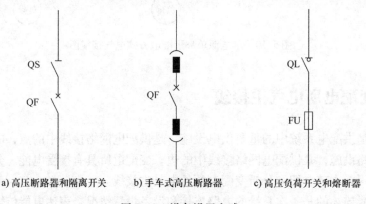

a) 高压断路器和隔离开关　　b) 手车式高压断路器　　c) 高压负荷开关和熔断器

图 5-12 设备设置方式

（2）高压断路器和手车式高压开关柜　当高压断路器装在开关柜的手车上时可省去高压隔离开关，将手车拉出检修断路器时，断路器插头与柜体内的固定插座断开，替代隔离开关的作用，接线如图 5-12b 所示。

（3）高压负荷开关和高压熔断器组合　高压负荷开关和熔断器串联使用，高压负荷开关控制电路通断，兼具隔离开关作用，保证检修安全，高压熔断器进行短路保护，接线如图 5-12c 所示。

3. 设置备用

电源进线、母线和断路器一般都需要设置备用，高压隔离开关故障率低，一般不考虑设置备用。设置备用有两种方式，一种是 n+1 备用，n 表示设备台数，即 n 台设备共用一台备用设备，所用备用设备少，节省材料和成本，体积小；另一种是 2n 备用，即一台设备配备一台备用设备，可靠性高，但是设备台数多，占地面积大，成本高。

5.2.2　变配电所电气主接线的基本形式

1. 单电源单母线接线

单电源单母线接线只有一路电源进线，一组母线，从母线上引出多路出线。图 5-13 是有 3 路馈出线的单电源单母线接线。

单电源单母线接线是最基本的接线形式，通过设备设置、设置备用和简化等方式可以得到其他各种接线形式。靠近线路侧的隔离开关，称为线路隔离开关，例如，电源进线侧的隔离开关，靠近母线侧的隔离开关称为母线隔离开关，隔离母线电源。这种接线形式结构简单，所用线路和配电设备少，但是供电可靠性较低，当电源进线（或母线）故障或停电检修时，所有设备都要停电，可以给三级负荷供电。

2. 双电源单母线接线

为了避免电源进线故障或检修时负荷停电，对电源进线设置备用，形成了双电源单母线接线，如图 5-14 所示。

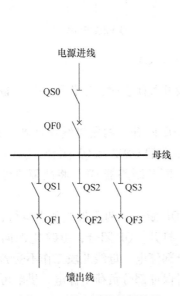

图 5-13　单电源单母线接线　　图 5-14　双电源单母线接线

双电源单母线接线的两路电源如果不能保证完全相同（包括幅值、频率和相位），则不能同时投入到母线上，需要对两路电源进线上的断路器设置闭锁，即两台断路器不允许同时闭合。与单电源单母线接线相比，双电源单母线接线形式的母线可能带电，所以增加了母线隔离开关。例如，#1 电源为工作电源，#2 为备用电源，正常工作时，断路器 QF01 闭合，QF02 断开，由#1 电源向所有负荷供电，当电源进线故障或检修时，将断路器 QF01 断开，再打开隔离开关 QS011 和 QS012，闭合断路器 QF02，由#2 电源向所有负荷或部分重要负荷供电，供电情况取决于#2 电源的供电容量。当母线故障或停电检修时，所有负荷都要停电。

3. 单母线分段接线

单母线分段接线由断路器（以及配合使用的隔离开关）连接两段母线，称为母线分段开关。每段母线以及连接于其上的进线和出线构成一个独立电气单元，相当于一个单电源单母线接线，如图 5-15 所示。

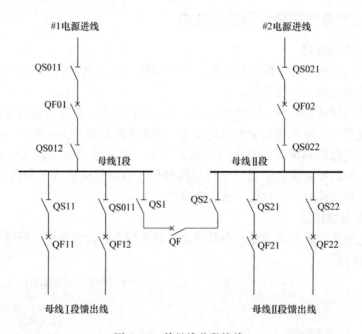

图 5-15 单母线分段接线

单母线分段接线有两种运行方式，当母线分段开关闭合时，工作于一用一备方式；当母线分段开关断开时，工作于并列运行方式。

（1）一用一备 断路器 QF01 和 QF 闭合，QF02 断开，两段母线连接到一起，由#1 电源向所有负荷供电。#1 电源故障或停电检修时，断路器 QF02 和 QF 闭合，QF01 断开，由#2 电源向负荷供电。当母线 II 段故障或停电检修时，断开断路器 QF，将故障段母线切除，其所带负荷全部停电，母线 I 段所带负荷正常供电。

（2）并列运行 断路器 QF01 和 QF02 闭合，QF 断开，两段母线独立运行，互不影响。当#1 电源进线故障或停电检修时，将断路器 QF01 打开，QF 闭合，由#2 电源向所有负荷供电。当母线 I 段故障或停电检修时，其所带负荷全部停电，母线 II 段工作不受影响。

单母线分段接线可以在母线故障或停电检修时保证部分负荷不停电，供电可靠性较高。

4. 双母线接线

双母线接线有两组母线，互为备用，在母线故障或停电检修时，可以通过倒闸操作，将进线和馈出线都换接到正常母线上，负荷不停电，如图 5-16 所示。这种接线形式供电可靠性高，但是所用设备较多，投资大，在中小型变配电所中很少采用。

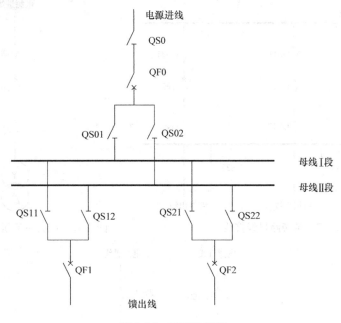

图 5-16　双母线接线

5. 带旁路母线的接线

带旁路母线的接线是对断路器设置公共备用的一种接线形式，由于多台断路器同时发生故障的概率比较低，因此这种接线方式既能保证供电的可靠性，又节省投资。

图 5-17 是带旁路母线的接线。断路器 QF 是公共备用断路器，以馈线断路器 QF2 检修为例介绍操作过程。检修断路器 QF2 时，将断路器 QF2 断开，再打开隔离开关 QS21 和 QS22，闭合隔离开关 QS1、QS2 和 QS23，最后闭合断路器 QF，#2 馈出线所带负荷从旁路母线获取电能，负荷正常供电。由于旁路母线通过旁路从主母线获取电能，当主母线不带电时，旁路母线也不带电，因此两组母线的地位不同。

6. 线路-变压器组单元式接线

当只有一路电源进线和一路馈出线时，可以省去母线，并将进线断路器和馈线断路器合并为一台断路器，单元式接线是单电源单母线接线的简化，最常用的单元式接线是线路-变压器组单元式接线，如图 5-18 所示。其结构简单，所用设备少，供电可靠性不高。

7. 桥式接线

桥式接线是单母线分段接线形式的简化，当每段母线引出一回馈出线时，可将母线省去，并将进线和馈线断路器合并为一台断路器。跨接在两路电源进线之间的断路器和隔离开关组合支路称为桥，桥式接线又分为内桥和外桥，桥靠近变压器称为内桥，桥靠近电源进线称为外桥，如图 5-19 所示。

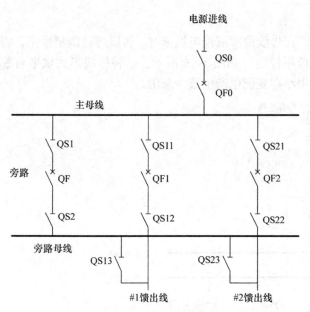

图 5-17 带旁路母线接线　　　　图 5-18 线路-变压器组单元式接线

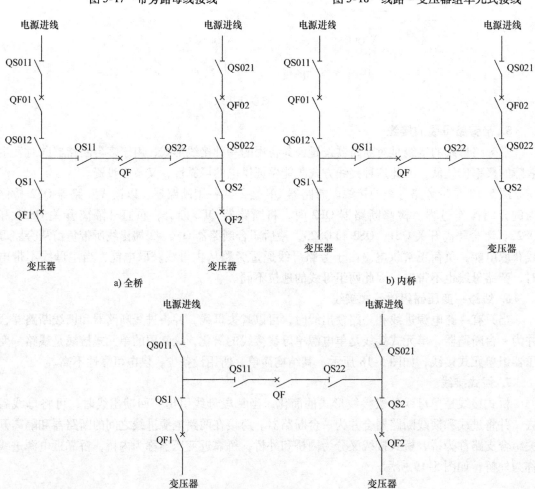

图 5-19 桥式接线

5.2.3 10kV 变配电所常见的电气主接线方案

1. 装有一台主变压器的变电所电气主接线方案示例

图 5-20 为采用一台主变压器、一路电源进线的 10kV 变电所电气主接线方案。

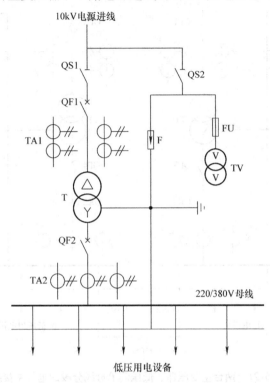

图 5-20 一台主变压器、一路电源进线的电气主接线

变配电所采用一路 10kV 电源进线,设备设置采用高压断路器和隔离开关组合形式,用电流互感器测量一次系统电流,由继电保护装置实施电流故障保护,当发生短路故障时,驱动断路器跳闸,切除故障。变压器将 10kV 电压降为 220/380V 低压,低压侧采用单母线接线形式,低压母线引出多路馈出线直接给低压用电设备供电。由于只有一路电源进线,供电可靠性不高,适用于给三级负荷供电。

2. 装有两台主变压器的变电所电气主接线方案示例

图 5-21 为采用两台主变压器、低压侧单母线分段的变电所电气主接线方案。

高压侧采用线路变压器组单元式接线,低压侧采用单母线分段接线,这种接线方式供电可靠性较高,当任意一路电源进线或变压器故障或停电检修时,通过闭合低压母线分段开关,可以迅速恢复对整个变电所供电,可以给一级、二级负荷供电。

3. 高压侧装置式主接线示例

图 5-22 为两路电源进线的 10kV 高压侧装置式主接线图。

这种接线方案有两路电源进线,一路架空进线,一路电缆进线,采用单母线分段接线形式,10kV 高压侧电气主接线的功能由 10 个高压开关柜实现,图中给出每个开关柜的功能及开关柜内接线单元方案。

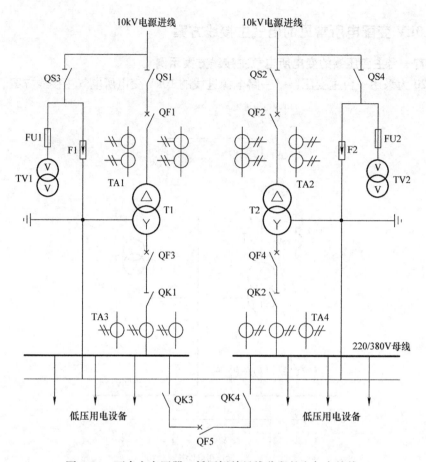

图 5-21 两台主变压器、低压侧单母线分段的电气主接线

柜列编号	No.1	No.2	No.3	No.4	No.5		No.6	No.7	No.8	No.9	No.10
柜名	出线柜	互感器柜	计量柜	1号进线柜	母线联络柜	间隔	架空进线柜	2号进线柜	计量柜	互感器柜	出线柜
方案编号	07 GG-1A(F)	54 GG-1A(F)	01 GG-1A(J)	07 GG-1A(J)	07改 GG-1A(F)	600mm	113 GG-1A(F)	11 GG-1A(F)	02 GG-1A(J)	54 GG-1A(F)	07 GG-1A(F)
主接线方案											

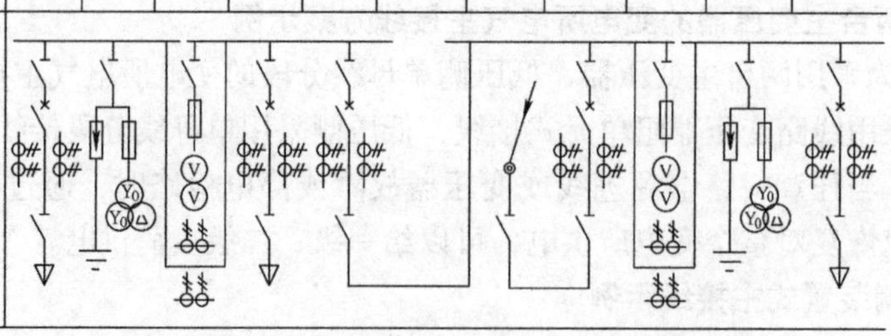

图 5-22 两路电源进线的 10kV 高压侧装置式主接线图

4. 低压侧装置式主接线示例

图 5-23 为由一台主变压器供电的低压侧装置式主接线图。主变压器将电压降为 220/

380V 后,将电能送给低压总柜,再由低压母线将电能分配给动力柜和照明柜,低压配电屏采用 GGD1 型。

柜列编号	No.1	No.2	No.3	No.4	No.5	…
柜名	低压总柜	动力柜	动力柜	照明柜	照明柜	…
方案编号	GGD1-09	GGD1-39	GGD1-39	GGD1-35	GGD1-35	…
主接线方案	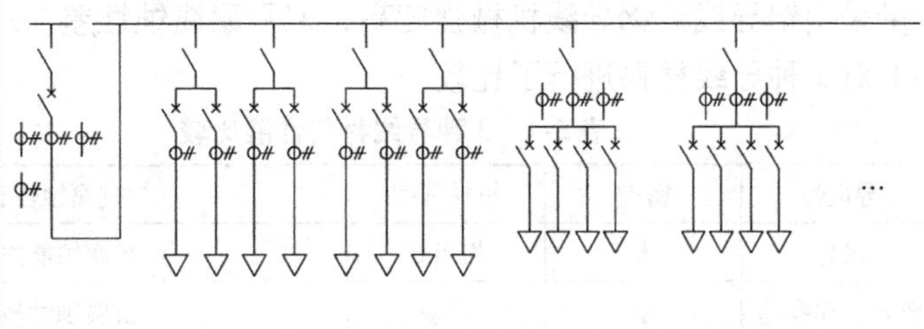					…

图 5-23 由一台主变压器供电的低压侧装置式主接线图

5.3 线路结构与敷设

电力线路分为室外线路和室内线路。本节介绍室外线路的结构和敷设。

5.3.1 架空线路的结构与敷设

架空线路是指敷设在露天杆塔上的电力线路。架空线路结构简单,便于安装和维护,成本低,但是架空线路暴露在空气中,易于受到恶劣天气及腐蚀性气体的影响,并且占用地面空间,阻碍交通。图 5-24 是低压和高压架空线路的结构图。

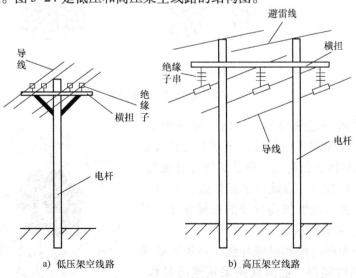

a) 低压架空线路   b) 高压架空线路

图 5-24 架空线路的结构

1. 架空线路结构

架空线路由导线、杆塔、横担、绝缘子、线路金具、拉线和避雷线等组成。

（1）导线 导线是架空线路的主体，用于传输电能。导线除了承受自身重力外，还要承受风雪的压力和腐蚀性气体的影响，因此要求导线具有良好的导电性和机械强度，具有一定的耐腐蚀性。

导线按照材料分为铜导线、铝导线和钢导线。铜导线导电性好，机械强度高，耐腐蚀性强，但是价格高。铝导线导电性和耐腐蚀性都不如铜导线，但是价格低，密度小，能够以铝代铜的场合尽量采用铝导线。钢导线机械强度高，但是耐腐蚀性差，一般用作避雷线，且必须镀锌。表5-1对3种导线材料进行了比较。

表5-1 3种导线材料性能比较

材料	导电性	密度	机械强度	抗腐蚀性和其他性能
铜	最好	大	相当高	抗腐蚀能力强、价格高
铝	较好，比铜差	小	较差	抗腐蚀性较好、价格低
钢	较差	比铜稍小	最高	易受腐蚀、价格低

导线按照结构分为单股导线和多股绞线，多股绞线又分为一种材料的多股绞线和两种材料的多股绞线，如图5-25所示。

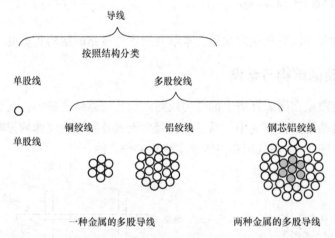

图5-25 导线按照结构分类

钢芯铝绞线的外层采用铝线，内层采用钢芯，具有良好的导电性能和机械强度。交流电流具有趋肤效应，电流从导体表面流过，即从铝线部分流过，由于铝的导电性能较好，因此钢芯铝绞线具有良好的导电性能，而钢芯能够提高导线的机械强度。其横向剖面图如图5-26所示。

按照绝缘分为裸导线和绝缘导线，高压线路采用裸导线，散热性能好，低压线路采用绝缘导线，保障安全。

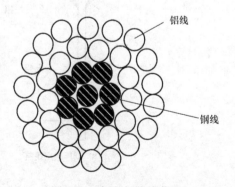

图5-26 钢芯铝绞线截面

导线全型号表示方法及各符号的含义如下：

1）铜（铝）绞线。全型号表示方法及各符号含义如图 5-27 所示。

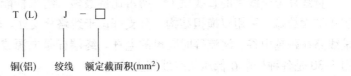

图 5-27　铜（铝）绞线全型号表示方法及各符号含义

2）钢芯铝绞线。全型号表示方法及各符号含义如图 5-28 所示。

图 5-28　钢芯铝绞线全型号表示方法及各符号含义

例如：LGJ–300 表示钢芯铝绞线，截面积为 300mm^2。

（2）杆塔　杆塔用于支撑导线，并保持导线和地面的距离。按照材料，杆塔分为木杆、水泥杆和电力铁塔。木杆现在很少使用，水泥杆成本低，耐用，性能较好，现在广泛使用，铁塔用于超高压线路或跨度大的场合。图 5-29 是各种杆塔的实物图。

a) 木杆　　　　　　b) 水泥杆

c) 电力铁塔

图 5-29　各种杆塔的实物图

按照功能和受力情况，杆塔分为直线杆、耐张杆（分段杆）、分支杆、转角杆、跨越杆和终端杆。

直线杆位于线路的直线段上，所占比例最多。耐张杆能够将故障限制在一个耐张段内，防止扩大故障，采用双横担结构。分支杆位于线路分支处。转角杆位于线路转角处。跨越杆是线路在跨越山谷、河流等时装设的电杆。终端杆是电源或用户侧设置的电杆，单侧受力。图 5-30 是各种杆塔在低压架空线路上的应用。

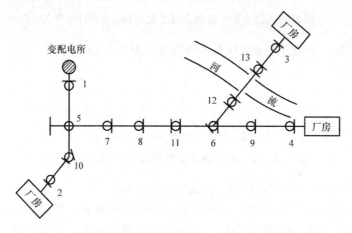

图 5-30　各种杆塔在低压架空线路上的应用
1~4—终端杆　5、6—分支杆　7~9—直线杆（中间杆）
10—转角杆　11—分段杆（耐张杆）　12、13—跨越杆

（3）横担　横担安装在杆塔上部，用于安装绝缘子。横担分为木横担、铁横担和瓷横担。铁横担和瓷横担用得较多，瓷横担兼具固定和绝缘作用，但是瓷横担易碎，图 5-31 是横担实物图。

图 5-31　横担实物图

（4）绝缘子　绝缘子用于支撑或悬挂导线，并使导线与杆塔绝缘。绝缘子分为针式绝缘子、蝴蝶式绝缘子、悬式绝缘子和棒式绝缘子，棒式绝缘子兼具横担和绝缘子双重作用。各种外形如图 5-32 所示。

（5）线路金具　线路金具是起到连接和固定作用的金属附件。例如，将拉线固定到杆塔上的 U 形抱箍、连接导线的线夹、调节拉线松紧的花篮螺钉等，U 形抱箍和花篮螺钉的外形如图 5-33 所示。

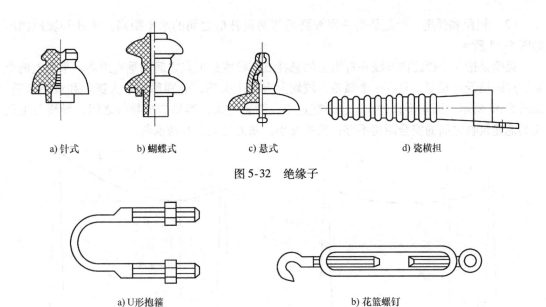

a) 针式　　b) 蝴蝶式　　c) 悬式　　d) 瓷横担

图 5-32　绝缘子

a) U形抱箍　　b) 花篮螺钉

图 5-33　线路金具

2. 架空线路的敷设

（1）导线的排列　三相四线制低压架空线路的导线采用水平排列，由于中性线（N 线）截面积小，机械强度低，因此靠近杆塔位置，如图 5-34a 所示。当高压和低压线路同杆敷设时，高压线路在上面，并且高压和低压线路之间要保持一定的安全距离，如图 5-34b 所示。双回路同杆敷设，每回线路采用垂直排列，如图 5-34c 所示。中压线路的三角形排列如图 5-34d 和 e 所示。高压线路常用的水平排列方式如图 5-34f 所示。

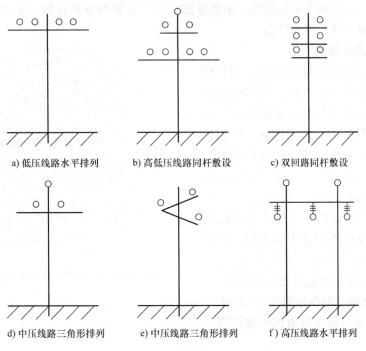

a) 低压线路水平排列　　b) 高低压线路同杆敷设　　c) 双回路同杆敷设

d) 中压线路三角形排列　　e) 中压线路三角形排列　　f) 高压线路水平排列

图 5-34　导线的排列

(2) 档距和弧垂 档距是指一回线路相邻两根杆塔之间的水平距离。平地和坡地档距如图 5-35 所示。

弧垂是指一个档距内导线在杆塔上的悬挂点与导线最低点之间的垂直距离。平地上两个悬挂点距最低点相等，只有一个弧垂，坡地上有两个弧垂，分别称为最大弧垂和最小弧垂，如图 5-35 所示。弧垂不宜过大，也不宜过小，弧垂过大，容易造成导线之间、导线与地面或其他建筑物之间的安全距离不够；弧垂过小，张力过大，容易崩断。

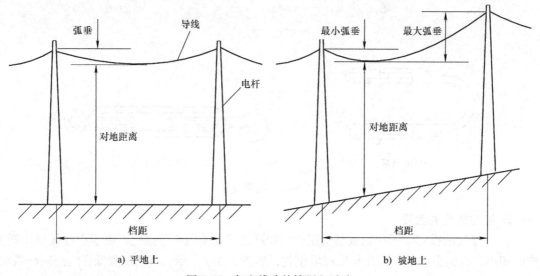

图 5-35　架空线路的档距和弧垂

5.3.2　电缆线路的结构与敷设

电缆线路一般指地下电缆敷设，电缆线路不便于安装和维护检修，结构复杂，成本高，但是不占用地面空间，可靠性高。

1. 电缆线路的结构

电力电缆是电缆线路的核心，用于传输电能。电缆最里面是芯线，为单股或多股绞绕绝缘线，绝缘层分为相绝缘和统包绝缘，相绝缘用于相线之间绝缘，统包绝缘用于相线对地绝缘。按照芯线的数量分为 2 芯、3 芯、4 芯和 5 芯，2 芯用于传输单相电能，3 芯用于传输三相电能，4 芯和 5 芯用于传输三相电能，另外还有中性线和保护线。绝缘层外面是内保护层，用于保护绝缘层，内保护层外面是外保护层，用于保护内保护层免受机械损伤和腐蚀。

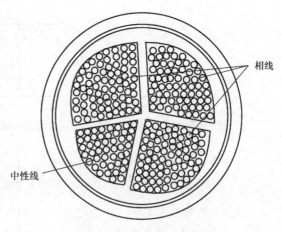

图 5-36　4 芯电缆横向剖面图

4 芯电缆横向剖面图如图 5-36 所示。

图 5-37 为油浸纸绝缘电缆的结构图。

2. 电缆线路的敷设

常见的电缆敷设方式有直埋地敷设、电缆沟敷设、电缆排管敷设、电缆桥架敷设和电缆隧道敷设。

（1）直埋地敷设　直埋地敷设如图 5-38 所示，检修时需要挖开路面，电缆上下都填有软土或细砂，再盖上盖板。一般敷设在人行道或绿化带下面。

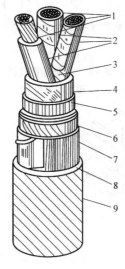
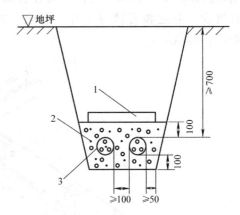

图 5-37　油浸纸绝缘电缆的结构图
1—缆芯（铜芯或铝芯）　2—油浸纸绝缘层
3—麻筋（填料）　4—油浸纸（统包绝缘）　5—铅包
6—涂沥青的纸带（内护层）　7—浸沥青的麻被（内护层）
8—钢铠（外护层）　9—麻被（外护层）

图 5-38　直埋地敷设
1—保护盖板　2—砂　3—电力电缆

（2）电缆沟敷设　电缆沟敷设如图 5-39 所示，需要砌电缆沟，检修时只需打开盖板，较为方便，可以敷设较多根电缆，一般敷设在人行道或绿化带下面。

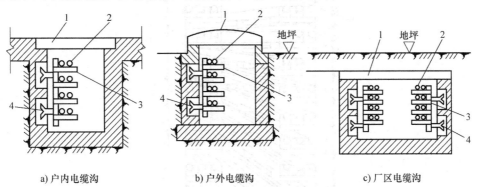

a) 户内电缆沟　　b) 户外电缆沟　　c) 厂区电缆沟

图 5-39　电缆沟敷设
1—盖板　2—电缆　3—电缆支架　4—预埋铁件

（3）电缆排管敷设　电缆排管敷设如图 5-40 所示，排管可以用钢管、塑料管、陶瓷管和石棉水泥管等，孔数量根据电缆数量确定，孔径不小于电缆外径的 1.5 倍，在直线距离超过100m，排管转弯和分支处都要设置排管电缆井，可敷设在人行道和车行道下。

（4）电缆桥架敷设　电缆桥架敷设如图5-41所示。电缆桥架由支架、线槽和盖板等组成，电缆在线槽内敷设，能够避免积尘、积灰，运行条件好，能够很好地保护电缆。

（5）电缆隧道敷设　电缆隧道敷设是为电缆修建的专用管廊，工作人员在管廊内进行敷设、巡检和替换等工作，安全，方便。如图5-42所示。

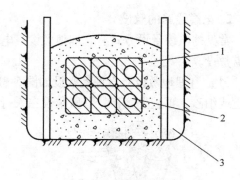

图 5-40　电缆排管敷设
1—水泥排管　2—电缆孔（穿电缆）　3—电缆沟

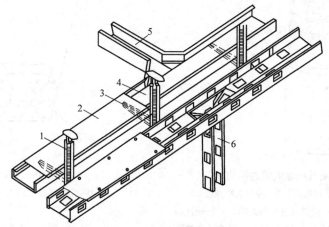

图 5-41　电缆桥架敷设
1—支架　2—盖板　3—支臂　4—线槽　5—水平分支线槽　6—垂直分支线槽

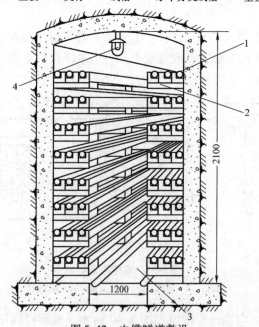

图 5-42　电缆隧道敷设
1—电缆　2—支架　3—维护走廊　4—照明灯具

思考题与习题

5-1 比较放射式配电和树干式配电的优缺点。

5-2 解释环形配电方式中,当干线上某一点发生短路故障时,所有负荷可以不停电的原因。

5-3 电气主接线中常见的设备设置方式有哪几种,说出每种方式中各台设备的作用。

5-4 分析单母线分段接线方式中,当一路电源发生故障或停电检修时,对负荷供电的影响。

5-5 分别分析单母线分段接线和双母线方式中,当一段母线发生故障或停电检修时,对负荷供电的影响。

5-6 简述架空线路的组成以及各组成部分的作用。

5-7 解释钢芯铝绞线导电性能好且机械强度高的原因。

5-8 简述档距和弧垂的概念,并解释坡地上有两个弧垂的原因。

5-9 弧垂过大和过小各有什么影响?

5-10 电缆线路有哪几种敷设方式?

5-11 如图 5-43 所示主接线,回答下列问题:

1) 指出并改正图中的一个原则性错误;

2) 指出该主接线的名称;

3) 该主接线正常时分段运行,若因故 S1 停电,请写出切换操作步骤,将母线 I 段上的负荷转移至 S2 电源供电。

5-12 图 5-44 为双电源单母线电气主接线,回答以下问题:

1) QF01 和 QF02 代表的设备名称,之间设置闭锁的原因;

2) QS012 和 QS022 代表的设备名称,两个设备的作用及设置的必要性。

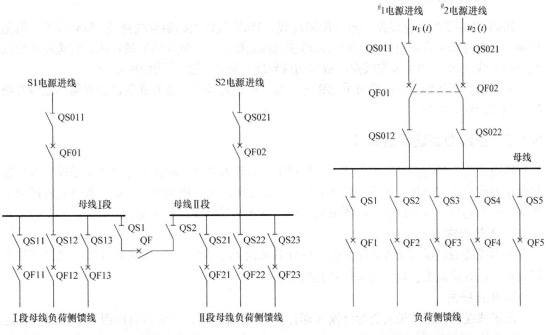

图 5-43 题 5-11 图 　　　　　　图 5-44 题 5-12 图

第 6 章 线缆及电气设备的选择

6.1 线缆选择概述

导线和电缆（简称线缆）是电力线路的核心元件，用于传输电能，线缆的选择包括型式选择和截面积（以下简称截面）选择两方面。

6.1.1 线缆型式的选择

10kV 及以下的架空线路一般选用铝绞线，35kV 及以上的架空线路或 35kV 以下，但是档距大、电杆高时宜采用钢芯铝绞线以增加机械强度。有腐蚀性物质的场所，宜选用铜绞线或绝缘导线。10kV 以上架空线路一般采用裸导线，380V 线路采用绝缘导线。

一般场合和环境下，电缆可采用铝芯电缆，在重要场所，或有强腐蚀性和爆炸危险的场所，宜采用铜芯电缆。

6.1.2 线缆截面选择的条件

线缆截面选择需满足发热条件、电压损失、经济电流密度和机械强度 4 个条件，以保证供配电系统安全、可靠、优质和经济运行。线缆截面越大，机械强度越高，有色金属耗用量越大，价格越高，电阻越小，电压损失越小，电能损耗越小，温度越低。

1. 发热条件

要求线缆通过正常最大负荷电流（即计算电流 I_{30}）时，产生的发热温度不超过正常运行时的最高允许温度，防止因为过热而损坏。

2. 电压损失

要求线缆通过正常最大负荷电流（即计算电流 I_{30}）时，产生的电压损失不超过正常运行时的允许电压损失，以保证供电质量。

3. 经济电流密度

以年运行费用最低和节省有色金属耗用量为原则所选定的截面称为经济截面，对应的电流密度称为经济电流密度。

4. 机械强度

要求线缆截面不小于其最小允许截面,以具有足够高的机械强度。

上述 4 个条件需同时满足,取最大值。工程上,根据设计经验一般按照以下方法选择线缆截面,比较容易满足要求,较少返工。对于 35kV 以上的电力线路,或 35kV 以下,但是距离长、电流大的线路,按照经济电流密度选择线缆截面,再校验发热条件、允许电压损失和机械强度。对于低压照明线路,由于对电压质量要求较高,因此一般按照允许电压损失条件选择线缆截面,再检验发热条件和机械强度。10kV 以下的高压线路和低压动力线路,通常按照发热条件选择线缆截面,再检验允许电压损失条件和机械强度。中小企业的高压线路,由于长度短,产生的电压损失小,可以不进行电压损失校验。电缆线路一般埋地敷设,具有内保护层和外保护层,机械强度较高,不需要校验机械强度,但是需要校验短路热稳定度。各种类型线路截面选择和校验项目列于表 6-1 中。

表 6-1 电力线路截面选择和校验项目

电力线路的类型		允许载流量	允许电压损失	经济电流密度	机械强度
35kV 及以上电源进线		△	△	√	△
无调压设备的 6~10kV 较长线路		△	√	—	△
6~10kV 较短线路		√	△	—	△
低压线路	照明线路	△	√	—	△
	动力线路	√	△	—	△

注:√—选择的依据,△—校验的项目。

下面分别介绍按照发热条件、允许电压损失、机械强度和经济电流密度选择线缆截面的方法。

6.2 按照发热条件选择线缆截面

电流流过线缆时,在线缆上产生电能损耗,使线缆发热,温度过高会加速裸导线接头处氧化,电阻增大,进一步氧化和过热,使接头处烧坏,造成断线和火灾等事故。对于绝缘导线和电缆则会加快绝缘的老化速度,恶化绝缘性能,降低其使用寿命。

6.2.1 三相系统中相线截面的选择

线缆的允许载流量是指在规定的环境温度下,线缆能够长期承受的最大电流,此电流持续通过导体时产生的稳定温度不超过最高允许温度,用符号 I_{al} 表示。

按照发热条件选择线缆,要求线缆的允许载流量不小于通过相线的计算电流 I_{30},即

$$I_{al} \geq I_{30} \tag{6-1}$$

如果线缆敷设地点的环境温度与允许载流量规定的环境温度不同,则需要对线缆的允许载流量进行修正,修正公式(6-2)如下:

$$I'_{al} = \sqrt{\frac{\theta_{al} - \theta'_0}{\theta_{al} - \theta_0}} I_{al} = K_\theta I_{al} \tag{6-2}$$

式中，I'_al 为修正后的允许载流量；θ_al 为额定负荷时的最高允许温度；θ_0 为允许载流量所规定的环境温度；θ'_0 为线缆敷设地点的实际环境温度；K_θ 为温度修正系数；如果敷设地点的环境温度比规定温度高，则温度修正系数小于 1，修正后的允许载流量变小，即相同截面能够承载的电流变小，截面应该选择更大一些。

这里所说的环境温度是指按照发热条件选择线缆的特定温度，对于室外场所，环境温度取当地最热月的日最高温度平均值，对于室内场所，可在最热月的日最高温度平均值基础上加 5℃，对于土中直埋的电缆，取埋深处的最热月平均地温，也可近似取当地最热月平均气温。

对于按照发热条件选择线缆所用的计算电流 I_{30}，如果选择降压变压器一次侧线缆，则计算电流应取变压器一次侧额定电流 $I_\mathrm{r1.T}$，如果线缆为并联电容器的引入线，由于电容器充电时有较大的涌流，则计算电流应取电容器额定电流的 1.35 倍。

6.2.2 中性线和保护线截面的选择

1. 中性线（N 线）截面的选择

三相四线制线路中的中性线要通过三相系统中的不平衡电流或零序电流（也称为中性电流），因此所选 N 线截面的允许载流量应不小于最大三相不平衡电流，同时要考虑谐波电流的影响。

一般的三相四线制线路，N 线截面应不小于相线截面的 50%，即

$$S_0 \geqslant 0.5 S_\varphi \tag{6-3}$$

式中，S_0 表示 N 线截面；S_φ 表示相线截面。

从三相四线制线路中引出的两相三线线路和单相线路，中性线电流等于相线电流，因此 N 线截面等于相线截面，即

$$S_0 = S_\varphi \tag{6-4}$$

对于 3 次谐波电流较大的三相四线制线路，由于各相的谐波电流都通过中性线，中性线电流可能接近甚至超过相电流，因此 N 线截面宜大于或等于相线截面，即

$$S_0 \geqslant S_\varphi \tag{6-5}$$

2. 保护线（PE 线）截面的选择

PE 线的选择要考虑三相系统发生单相短路故障时的单相短路热稳定度，根据短路热稳定度的要求，相关规范规定：

1) 当 $S_\varphi \leqslant 16\mathrm{mm}^2$ 时，$S_\mathrm{PE} \geqslant S_\varphi$；
2) 当 $16\mathrm{mm}^2 < S_\varphi \leqslant 35\mathrm{mm}^2$ 时，$S_\mathrm{PE} \geqslant 16\mathrm{mm}^2$；
3) $S_\varphi > 35\mathrm{mm}^2$ 时，$S_\mathrm{PE} \geqslant 0.5 S_\varphi$。

式中，S_PE 表示保护线截面。

3. 保护中性线（PEN 线）截面的选择

由于 PEN 线兼具 PE 线和 N 线的功能，因此 PEN 线要同时满足 PE 线和 N 线的选择条件，取两者最大值。

表 6-2 为 BLX 型和 BLV 型铝芯绝缘导线明敷时的允许载流量。表 6-3 为 LJ 型和 LGJ 型裸铝绞线的允许载流量。

表 6-2　BLX 型和 BLV 型铝芯绝缘导线明敷时的允许载流量

线芯截面 /mm²	BLX 型铝芯橡皮线				BLV 型铝芯塑料线			
	环境温度				环境温度			
	25℃	30℃	35℃	40℃	25℃	30℃	35℃	40℃
	允许载流量/A				允许载流量/A			
2.5	27	25	23	21	25	23	21	19
4	35	32	30	27	32	29	27	25
6	45	42	38	35	42	39	36	33
10	65	60	56	51	59	55	51	46
16	85	79	73	67	80	74	69	63
25	110	102	95	87	105	98	90	83
35	138	129	119	109	130	121	112	102
50	175	163	151	138	165	154	142	130
70	220	206	190	174	205	191	177	162
95	265	247	229	209	250	233	216	197
120	310	280	268	245	283	266	246	225
150	360	336	311	284	325	303	281	257
185	420	392	363	332	380	355	328	300
240	510	476	441	403	—			

表 6-3　LJ 型和 LGJ 型裸铝绞线的允许载流量

导体类型	LJ 型铝绞线				LGJ 型钢芯铝绞线			
导体工作温度/℃	70							
导体截面积/mm²	不同环境温度的载流量/A							
	25℃	30℃	35℃	40℃	25℃	30℃	35℃	40℃
16	105	99	92	85	105	98	92	85
25	135	127	119	109	135	127	119	109
35	170	160	150	138	170	159	149	137
50	215	202	189	174	220	207	193	178
70	265	249	233	215	275	259	228	222
95	325	305	286	247	335	315	295	272
120	375	352	330	304	380	357	335	307
150	440	414	387	356	445	418	391	360
185	500	470	440	405	515	584	453	416
240	610	574	536	494	610	574	536	494
300	680	640	597	550	700	658	615	566

例 6-1　有一条采用 BLV-500 型铝芯塑料线明敷的 220/380V 的 TN-S 线路，当地最热月平均最高温度为 30℃，该线路给一台 25kW 的电动机供电，功率因数为 0.8，效率为

88%，试按照发热条件选择线缆截面。

解：(1) 计算线路通过的计算电流 I_{30}

有功计算负荷 P_{30} 为

$$P_{30} = \frac{P_r}{\eta} = \frac{25}{0.88}\text{kW} = 28.4\text{kW}$$

计算电流 I_{30} 为

$$I_{30} = \frac{P_{30}}{\sqrt{3}U_N\cos\varphi} = \frac{28.4}{\sqrt{3}\times 0.38\times 0.8}\text{A} = 54\text{A}$$

(2) 相线截面的选择

查表 6-2 可知，环境温度为 30℃ 时明敷的 BLV 型铝芯塑料线，在截面积为 10mm^2 时的允许载流量为

$$I_{al} = 55\text{A} > I_{30} = 54\text{A}$$

满足发热条件，因此所选相线截面为 $S_\varphi = 10\text{mm}^2$。

(3) 中性线截面的选择

按照 $S_0 \geq 0.5S_\varphi$ 的条件选择，中性线截面 $S_0 = 5\text{mm}^2$。

(4) 保护线截面的选择

由于 $S_\varphi \leq 16\text{mm}^2$，因此保护线按 $S_{PE} \geq S_\varphi$ 条件选择，取 $S_{PE} = S_\varphi = 10\text{mm}^2$。

所选导线为 BLV – 500 – (3×10 + 1×5 + PE10)。

例 6-2 有一条采用 BLV – 500 型铝芯塑料线明敷的 220/380V 的 TN – S 线路，当地最热月平均最高温度为 30℃，计算电流为 150A，试按照发热条件选择线缆截面。

解：(1) 相线截面的选择

查手册可知，环境温度为 30℃ 时明敷的 BLV 型铝芯塑料线，在截面积为 50mm^2 时的允许载流量为

$$I_{al} = 154\text{A} > I_{30} = 150\text{A}$$

满足发热条件，因此所选相线截面为 $S_\varphi = 50\text{mm}^2$。

(2) 中性线截面的选择

按照 $S_0 \geq 0.5S_\varphi$ 的条件选择，中性线截面 $S_0 = 25\text{mm}^2$。

(3) 保护线截面的选择

由于 $S_\varphi > 35\text{mm}^2$，因此保护线按 $S_{PE} \geq 0.5S_\varphi$ 条件选择，$S_{PE} = 0.5S_\varphi = 25\text{mm}^2$。

所选导线为 BLV – 500 – (3×50 + 1×25 + PE25)。

6.3 按照允许电压损失选择线缆截面

线路上都存在阻抗，当电流通过线路时，会在线路上产生电压损耗，影响供电质量。线路首端和末端电压的相量差称为电压降，其表达式为

$$\Delta\dot{U} = \dot{U}_1 - \dot{U}_2 \tag{6-6}$$

式中，$\Delta\dot{U}$ 表示电压降；$\dot{U}_1$ 和 $\dot{U}_2$ 分别表示线路首端和末端的电压相量。

线路首端和末端电压的代数差称为电压损失，绝对电压损失为

$$\Delta U = U_1 - U_2 \tag{6-7}$$

式中，ΔU 表示电压损失；U_1 和 U_2 分别表示线路首端和末端电压的大小。

一般情况下，用相对电压损失来表示电压损失的程度，即

$$\Delta U\% = \frac{\Delta U(\text{V})}{1000 U_N(\text{kV})} \times 100 = \frac{\Delta U(\text{V})}{10 U_N(\text{kV})} \qquad (6\text{-}8)$$

式中，$\Delta U\%$ 表示相对电压损失百分数；U_N 表示系统标称电压，即线路的额定电压，单位为 kV。

高压配电线路要求电压损失不超过线路额定电压的 5%，变压器低压母线到用电设备受电端的低压线路的电压损失不超过用电设备额定电压的 5%，对电压质量要求较高的照明线路的电压损失要求不超过 2% ~ 3%，如果线路电压损失超过了最大允许值，则需要增大线缆截面以减小电压损失，使其限制在允许值范围内。

6.3.1 电压损失计算方法

1. 线路末端有一个集中负荷

末端有一个集中负荷的线路及其相量图如图 6-1 所示。负荷功率为 $p + jq$，线路每相电阻为 r，电抗为 x，线路额定电压为 U_N。

$U_{\varphi 1}$ 和 $U_{\varphi 2}$ 分别表示线路首末端的相电压大小，I 为线路流过的电流，φ_2 为 I 滞后 $U_{\varphi 2}$ 的角度。相电压损失 ΔU_φ 为

$$\Delta U_\varphi = U_{\varphi 1} - U_{\varphi 2} \qquad (6\text{-}9)$$

从图 6-1 可知，相电压损失 ΔU_φ 为 ae 段长度，近似等于 ad 段长度，将 ad 段分成两部分，af 和 fd 段长度计算公式分别为

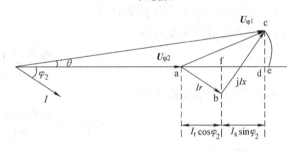

图 6-1 末端有一个集中负荷的线路

$$\text{af} = Ir\cos\varphi_2 \qquad (6\text{-}10)$$

$$\text{fd} = Ix\sin\varphi_2 \qquad (6\text{-}11)$$

由式 (6-9) ~ 式(6-11)，可得到相电压损失为

$$\Delta U_\varphi \approx \text{ad} = \text{af} + \text{fd} = Ir\cos\varphi_2 + Ix\sin\varphi_2 \qquad (6\text{-}12)$$

线电压损失为

$$\Delta U = \sqrt{3} \Delta U_\varphi = \frac{pr + qx}{U_2} \qquad (6\text{-}13)$$

用 U_N 近似代替 U_2，并将式 (6-13) 代入式 (6-8) 中，得到电压损失百分数为

$$\Delta U\% = \frac{pr + qx}{10 U_N^2} \qquad (6\text{-}14)$$

2. 线路上有多个集中负荷

以线路上有两个集中负荷为例，介绍线路电压损失计算方法，线路如图 6-2 所示。两个集中负荷的功率分别为 $p_1 + jq_1$ 和 $p_2 + jq_2$，0 - 1 段干线的电阻和电抗分别为 r_1 和 x_1，线路长

度为 l_1，1-2 段干线的电阻和电抗分别为 r_2 和 x_2，线路长度为 l_2。

线路首端到负荷点的电阻、电抗和长度用大写字母表示，其中

$$R_1 = r_1, R_2 = r_1 + r_2$$
$$X_1 = x_1, X_2 = x_1 + x_2 \quad (6\text{-}15)$$
$$L_1 = l_1, L_2 = l_1 + l_2$$

0-1 段干线功率为

$$\begin{cases} P_1 = p_1 + p_2 \\ Q_1 = q_1 + q_2 \end{cases} \quad (6\text{-}16)$$

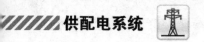

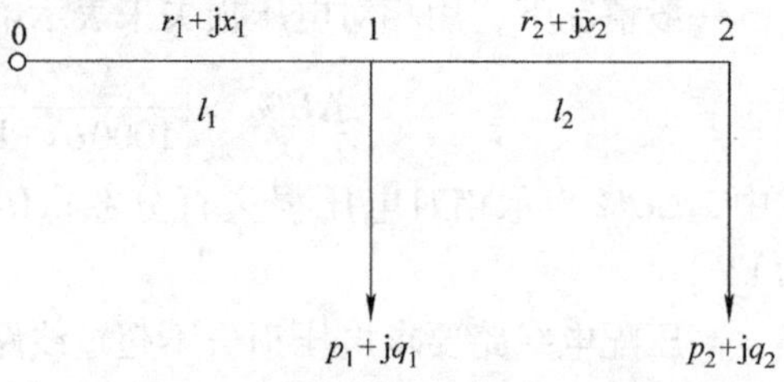

图 6-2 带有两个集中负荷的线路

1-2 段干线功率为

$$\begin{cases} P_2 = p_2 \\ Q_2 = q_2 \end{cases} \quad (6\text{-}17)$$

此线路的电压损失由两部分构成，可以按照负荷产生的电压损失和干线电压损失两种方法计算。

(1) 按负荷产生的电压损失计算

负荷 1 产生的电压损失为

$$\Delta U_1 \% = \frac{p_1 R_1 + q_1 X_1}{10 U_N^2} \quad (6\text{-}18)$$

负荷 2 产生的电压损失为

$$\Delta U_2 \% = \frac{p_2 R_2 + q_2 X_2}{10 U_N^2} \quad (6\text{-}19)$$

总的电压损失为

$$\Delta U\% = \Delta U_1\% + \Delta U_2\% = \frac{1}{10 U_N^2} \sum_{i=1}^{2} (p_i R_i + q_i X_i) \quad (6\text{-}20)$$

如果线路带 n 个负荷，则总的电压损失为

$$\Delta U\% = \frac{1}{10 U_N^2} \sum_{i=1}^{n} (p_i R_i + q_i X_i) \quad (6\text{-}21)$$

如果各段干线规格和截面条件相同，则式 (6-21) 变换为

$$\Delta U\% = \frac{r_0}{10 U_N^2} \sum_{i=1}^{n} p_i L_i + \frac{x_0}{10 U_N^2} \sum_{i=1}^{n} q_i L_i = \Delta U_R\% + \Delta U_X\% \quad (6\text{-}22)$$

式中，r_0 和 x_0 分别为线路单位长度电阻和电抗，单位为 Ω/km；$\Delta U_R\%$ 为电阻产生的电压损失；$\Delta U_X\%$ 为电抗产生的电压损失。

(2) 按干线电压损失计算

干线 0-1 段电压损失为

$$\Delta U_1 \% = \frac{P_1 r_1 + Q_1 x_1}{10 U_N^2} \quad (6\text{-}23)$$

干线 1-2 段电压损失为

$$\Delta U_2 \% = \frac{P_2 r_2 + Q_2 x_2}{10 U_N^2} \quad (6\text{-}24)$$

总的电压损失为

$$\Delta U\% = \Delta U_1\% + \Delta U_2\% = \frac{1}{10 U_N^2} \sum_{i=1}^{2} (P_i r_i + Q_i x_i) \quad (6\text{-}25)$$

如果线路带 n 个负荷，则总的电压损失为

$$\Delta U\% = \frac{1}{10 U_N^2} \sum_{i=1}^{n} (P_i r_i + Q_i x_i) \quad (6\text{-}26)$$

如果各段干线规格和截面条件相同，则式（6-26）变换为

$$\Delta U\% = \frac{r_0}{10 U_N^2} \sum_{i=1}^{n} P_i l_i + \frac{x_0}{10 U_N^2} \sum_{i=1}^{n} Q_i l_i = \Delta U_R\% + \Delta U_X\% \quad (6\text{-}27)$$

3. 线路上负荷均匀分布

线路上负荷分布情况如图 6-3 所示，0 – 1 段线路长度为 l_1，1 – 2 段线路长度为 l_2，1 – 2段线路上面有均匀分布的负荷，单位长度线路上的负荷电流为 i_0。1 – 2 段线路上还带有一个集中负荷，负荷大小为 $p_1 + jq_1$。

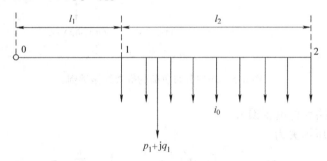

图 6-3 负荷均匀分布的线路

通过将 1 – 2 段线路分割成小区间求积分，可得到均匀分布负荷产生的电压损失与位于线路中间的集中负荷产生的电压损失相同，集中负荷大小等于总的均匀负荷值。等效线路图如图 6-4 所示。

例如，图 6-5a 所示的线路分布图，其等效线路图如图 6-5b 所示。

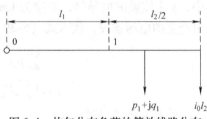

图 6-4 均匀分布负荷的等效线路分布

均匀分布负荷产生的电压损失为

$$\Delta U = \sqrt{3} i_0 l_2 r_0 (l_1 + l_2/2) = \sqrt{3} I r_0 (l_1 + l_2/2) \quad (6\text{-}28)$$

式中，i_0 为单位长度线路上的负荷电流；$I = i_0 l_2$ 为与均匀负荷等效的集中负荷；r_0 为线路单位长度电阻。

6.3.2 按照允许电压损失选择线缆截面

当线路较短时，一般各段干线采用同一截面的线缆，因此，下面讨论各段干线截面相同时，线缆截面的选择方法。

总的电压损失要求小于或等于线路允许电压损失（一般取5），即

$$\Delta U\% = \Delta U_R\% + \Delta U_X\% \leqslant \Delta U_{al}\% = 5 \quad (6\text{-}29)$$

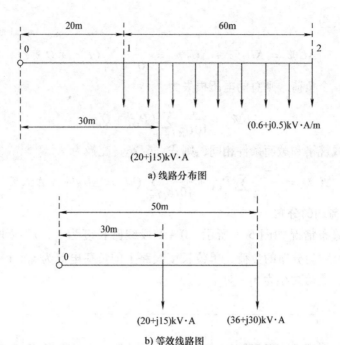

图 6-5 均匀分布负荷的等效线路举例

式中，$\Delta U_{al}\%$ 为线路允许电压损失。

其中，电阻电压损失为

$$\Delta U_R\% = \frac{r_0}{10U_N^2}\sum_{i=1}^{n}p_iL_i = \frac{1}{10\gamma SU_N^2}\sum_{i=1}^{n}p_iL_i \tag{6-30}$$

式中，γ 为线缆的电导率，单位为 km/$\Omega \cdot$ mm^2；S 为线缆的截面，单位为 mm^2。如果已知电阻产生的电压损失，代入式（6-30）中，可计算出线缆截面 S，即

$$S = \frac{\sum_{i=1}^{n}p_iL_i}{10\gamma U_N^2\Delta U_R\%} = \frac{\sum_{i=1}^{n}p_iL_i}{10\gamma U_N^2(\Delta U_{al}\% - \Delta U_X\%)} \tag{6-31}$$

线缆截面选择步骤如下：

1）取线缆电抗平均值，求出 $\Delta U_X\%$。线路电压损失公式中含有单位长度电阻和电抗，但是当截面未选定时，它们都是未知参量，无法计算线路产生的电压损失。由于电抗值比较平稳，截面变化时，其值变化不大，因此取线缆电抗平均值，根据 $\Delta U_X\% = \frac{x_0}{10U_N^2}\sum_{i=1}^{n}q_iL_i$，先计算电抗产生的电压损失。对于架空线路，单位长度电抗 x_0 取 0.35 ~ 0.4Ω/km，对于电缆线路，x_0 取 0.08Ω/km。

2）求解电阻产生的电压损失。根据公式 $\Delta U_R\% = \Delta U_{al}\% - \Delta U_X\%$ 求解。

3）计算线缆截面 S，并以计算值为依据，选择标准截面。根据式（6-31）计算截面 S，查手册选择数值接近的标准截面。

4）校验。根据选择的标准截面和敷设方式，查出单位长度电阻 r_0 和电抗 x_0，代入式（6-22）或式（6-27）中，计算电压损失，并与允许值进行比较。如果产生的电压损失小

于电压损失允许值,则所选截面合适,否则,需要增大截面,计算后再进行校验。

例 6-3 已知 LJ – 50 铝绞线,截面为 50mm², $r_0=0.66\Omega/\mathrm{km}$, $x_0=0.37\Omega/\mathrm{km}$;LJ – 70 铝绞线,截面为 70mm², $r_0=0.46\Omega/\mathrm{km}$, $x_0=0.36\Omega/\mathrm{km}$;LJ – 95 铝绞线,截面为 95mm², $r_0=0.34\Omega/\mathrm{km}$, $x_0=0.34\Omega/\mathrm{km}$。试计算图 6-6 所示 10kV 线路在下列两种情况下的电压损失。

1)1WL 和 2WL 导线的型号都为 LJ – 70;

2)1WL 导线的型号为 LJ – 95,2WL 导线的型号为 LJ – 50。

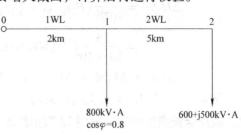

图 6-6 例题 6-3 线路图

解:(1)1WL 和 2WL 导线的型号都为 LJ – 70 的情况

由于两段干线截面相同,因此可用两种方法计算电压损失。

方法一:负荷电压损失方法

$$\Delta U_1\% = \frac{L_1}{10U_N^2}(p_1 r_{0\_70} + q_1 x_{0\_70})$$

$$= \frac{2}{10\times 10^2} \times (640\times 0.46 + 480\times 0.36) = 0.9344$$

$$\Delta U_2\% = \frac{L_2}{10U_N^2}(p_2 r_{0\_70} + q_2 x_{0\_70})$$

$$= \frac{(2+5)}{10\times 10^2} \times (600\times 0.46 + 500\times 0.36) = 3.192$$

$$\Delta U\% = \Delta U_1\% + \Delta U_2\% = 0.9344 + 3.192 = 4.1264$$

方法二:干线电压损失方法

$$\Delta U_1\% = \frac{l_1}{10U_N^2}(P_1 r_{0\_70} + Q_1 x_{0\_70})$$

$$= \frac{2}{10\times 10^2} \times [(640+600)\times 0.46 + (480+500)\times 0.36] = 1.8464$$

$$\Delta U_2\% = \frac{l_2}{10U_N^2}(P_2 r_{0\_70} + Q_2 x_{0\_70})$$

$$= \frac{5}{10\times 10^2} \times (600\times 0.46 + 500\times 0.36) = 2.28$$

$$\Delta U\% = \Delta U_1\% + \Delta U_2\% = 1.8464 + 2.28 = 4.1264$$

两种方法的计算结果相同。

(2)1WL 导线的型号为 LJ – 95,2WL 导线的型号为 LJ – 50 的情况

因为两段线路的截面不同,因此用干线电压损失法计算。

$$\Delta U_1\% = \frac{l_1}{10U_N^2}(P_1 r_{0\_95} + Q_1 x_{0\_95})$$

$$= \frac{2}{10\times 10^2} \times [(640+600)\times 0.34 + (480+500)\times 0.34] = 1.5168$$

$$\Delta U_2\% = \frac{l_2}{10U_N^2}(P_2 r_{0\_50} + Q_2 x_{0\_50})$$

$$= \frac{5}{10 \times 10^2} \times (600 \times 0.66 + 500 \times 0.37) = 2.905$$

$$\Delta U\% = \Delta U_1\% + \Delta U_2\% = 1.5168 + 2.905 = 4.4218$$

例 6-4 一条 10kV 架空线路向两个负荷供电，线路全长截面相同，采用 LJ 型铝绞线，三相导线三角形排列，线间距为 1m，环境温度为 25℃，按照允许电压损失选择导线截面，并校验其发热条件。

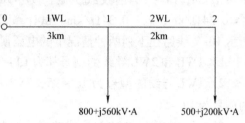

图 6-7　例题 6-4 线路图

解：(1) 按照允许电压损失选择导线截面

1) 对于 10kV 架空线路，取单位长度电抗平均值 $x_0 = 0.38\Omega/\text{km}$。

电抗产生的电压损失为：

$$\Delta U_X\% = \frac{x_0}{10U_N^2}(q_1 L_1 + q_2 L_2)$$

$$= \frac{0.38}{10 \times 10^2} \times (560 \times 3 + 200 \times 5) = 1.0184$$

2) 电阻产生的电压损失为：

$$\Delta U_R\% = \Delta U_{al}\% - \Delta U_X\% = 5 - 1.0184 = 3.9816$$

3) 计算截面 S：

$$S = \frac{p_1 L_1 + p_2 L_2}{10\gamma U_N^2 \Delta U_R\%} = \frac{800 \times 3 + 500 \times 5}{10 \times 0.032 \times 10^2 \times 3.9816}\text{mm}^2 = 38.46\text{mm}^2$$

选择标准截面 50mm²。

4) 校验。

查手册可知，线间距为 1m，截面为 50mm² 的 LJ 铝绞线，$r_0 = 0.66\Omega/\text{km}$，$x_0 = 0.355\Omega/\text{km}$。

LJ – 50 导线产生的电压损失为：

$$\Delta U\% = \frac{r_0}{10U_N^2}(p_1 L_1 + p_2 L_2) + \frac{x_0}{10U_N^2}(q_1 L_1 + q_2 L_2)$$

$$= \frac{0.66}{10 \times 10^2} \times (800 \times 3 + 500 \times 5) + \frac{0.355}{10 \times 10^2} \times (560 \times 3 + 200 \times 5)$$

$$= 3.243 + 0.9514 = 4.1944 < 5$$

电压损失满足条件。

(2) 效验发热条件

确定最大负荷：0 – 1 段干线通过的电流最大。

$$\begin{cases} P_1 = p_1 + p_2 = (800+500)\text{kW} = 1300\text{kW} \\ Q_1 = q_1 + q_2 = (560+200)\text{kvar} = 750\text{kvar} \\ S_1 = \sqrt{P_1^2 + Q_1^2} = 1505.9\text{kV}\cdot\text{A} \\ I_{30} = \dfrac{S_1}{\sqrt{3}U_N} = \dfrac{1505.9}{\sqrt{3}\times 10}\text{A} = 86.9\text{A} \end{cases}$$

查手册可知，LJ-50 铝绞线在 25℃时的允许载流量为 $I_{al} = 215\text{A}$，

$$I_{al} = 215\text{A} > I_{30} = 86.9\text{A}$$

满足发热条件。

6.4 按照机械强度选择线缆截面

架空线路除了要承受自身重力之外，还要承受雨、雪、大风和冰雹等的压力，因此导线必须要有足够的机械强度，以保证系统安全可靠运行。导线截面越小，机械强度越低，不同电压等级和材料的电力线路最小允许截面列于表 6-4 中，所需线路截面必须满足此规定要求。

表 6-4　架空线路裸导线最小允许截面（按机械强度要求）

架空线路电压等级		钢芯铝绞线 /mm²	铝及铝合金线 /mm²	铜线 /mm²
35kV		25	35	—
6~10kV	居民区	25	35	16
	非居民区		25	
1kV 以下		16	16	φ3.2mm

6.5 按照经济电流密度选择线缆截面

电流通过线缆时产生电能损耗，线缆截面越大，电能损耗越小，但是对应的线路投资、维护费用和有色金属消耗量都增大。年运行费用包括电能损耗费用、折旧费（线路投资与折旧年限之比）和运行维护费用等，与截面关系曲线如图 6-8 所示。

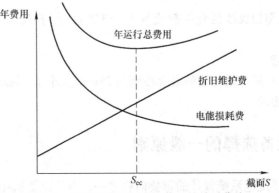

图 6-8　年运行费用与导线截面的关系曲线

从图 6-8 可以看出，在年运行总费用曲线最低点处，曲线比较平缓，在最低点附近减小线缆截面，可以减少有色金属消耗量，而年运行费用变化不大。因此，从全面经济效益考虑，既使线路的年运行费用接近最低，又能节约有色金属消耗量的线缆截面，称为经济截面，用 S_{ec} 表示，根据经济截面推导出的电流密度称为经济电流密度，用 J_{ec} 表示。我国根据有色金属资源的现状，规定了导线和电缆的经济电流密度，见表 6-5。

表 6-5 导线和电缆的经济电流密度　　　　　　　　　（单位：A/mm²）

线路类型	导线材质	年最大负荷利用小时数		
		3000h 以下	3000～5000h	5000h 以上
架空线路	铝	1.65	1.15	0.90
	铜	3.00	2.25	1.75
电缆线路	铝	1.92	1.73	1.54
	铜	2.50	2.25	2.00

根据经济电流密度计算经济截面的公式为

$$S_{ec} = \frac{I_{30}}{J_{ec}} \tag{6-32}$$

计算出的截面不一定是标准的截面，从节约投资和有色金属方面考虑，原则上是取接近且小于 S_{ec} 的标准截面作为选用截面。

例 6-5　有一条用 LJ 型铝绞线架设的 6km 长的 10kV 架空线路，该线路经过非居民区，其计算负荷为 2400kW，$\cos\varphi = 0.8$，$T_{max} = 2600h$。试选其经济截面，并校验其发热条件和机械强度。

解：（1）选择经济截面

$$I_{30} = \frac{P_{30}}{\sqrt{3}U_N\cos\varphi} = \frac{2400}{\sqrt{3} \times 10 \times 0.8}\text{A} = 173.2\text{A}$$

查表 6-5，得 $J_{ec} = 1.65\text{A/mm}^2$。

因此，

$$S_{ec} = \frac{I_{30}}{J_{ec}} = \frac{173.2}{1.65}\text{mm}^2 = 105\text{mm}^2$$

选择标准截面 95mm²，即选 LJ-95 型铝绞线。

（2）校验发热条件

查手册得 LJ-95 型铝绞线的允许载流量 $I_{al} = 325\text{A}$，大于 $I_{30} = 173.2\text{A}$，因此满足发热条件。

（3）校验机械强度

查表 6-4，得 10kV 架空铝绞线的最小截面为 25mm²，小于 95mm²，因此所选 LJ-95 型铝绞线满足机械强度要求。

6.6　电气设备选择的一般原则

电气设备选择是供配电系统设计的重要内容之一，电气设备选择要满足安全、可靠、经济和合理等要求。虽然各种电气设备的作用和特点不同，但是在选择时，存在共性部分，一般按照正常工作条件选择电气设备的额定电压和额定电流，再按照短路条件校验热稳定度、动稳定度和断流能力等。

1. 按正常工作条件选择电气设备

（1）选择电气设备的额定电压

电气设备的额定电压 U_r 不得低于安装处所在电网的系统标称电压或最高运行电压，即

$$U_r \geq U_N \tag{6-33}$$

或

$$U_{max} \geq U_{op.\,max} \tag{6-34}$$

式中，U_{max} 表示电气设备最高电压；$U_{op.\,max}$ 表示安装处电网最高运行电压。

（2）选择电气设备的额定电流

电气设备的额定电流 I_r 不小于设备安装处通过的最大电流（计算电流 I_{30}），即

$$I_r \geq I_{30} \tag{6-35}$$

电气设备的额定电流是在规定温度下给出的，我国生产的电气设备按照环境温度 40℃ 设计，如果电气设备安装处的环境温度与规定温度不同，则需要进行额定电流的温度修正，即

$$I'_r = K_\theta I_r \tag{6-36}$$

式中，I'_r 表示修正后的额定电流；K_θ 为温度修正系数。

2. 按短路条件校验电气设备

按照正常工作条件选择电气设备参数后，再按照短路故障条件校验电气设备的热稳定度和动稳定度，保证电气设备在通过短路电流时不会因为过热或机械力的作用而损坏。

（1）热稳定度校验　热稳定度校验，要求短路后电气设备达到的最高温度不超过短路最高允许温度。由于短路热脉冲与短路后电气设备温度成正相关性，因此可以用短路热脉冲进行校验。设备生产厂家在出厂前已经通过试验给出电气设备能够承受的最高热脉冲，与短路实际热脉冲进行比较，即可校验热稳定度。

$$I_\infty^2 t_{ima} \leq I_t^2 t \tag{6-37}$$

式中，I_∞ 为三相稳态电流；t_{ima} 为短路电流的假想时间；I_t 为电气设备在 t 秒内允许通过的短时热稳定电流；t 为电气设备的热稳定时间。

如果满足式（6-37），则说明电气设备是短路热稳定的。

（2）动稳定度校验　动稳定度校验，要求短路电流产生的电动力不超过电气设备允许的电动力。由于电气设备承受的电动力与短路电流瞬时值成正相关性，因此可以用短路冲击电流进行校验。设备生产厂家在出厂前已经通过试验，给出与电气设备能够承受的最大电动力对应的电流值（动稳定电流），与短路冲击电流进行比较，即可校验动稳定度。

$$i_{ch} \leq i_{max} \quad \text{或} \quad I_{ch} \leq I_{max} \tag{6-38}$$

式中，i_{ch} 表示短路冲击电流；I_{ch} 表示短路冲击电流有效值；i_{max} 和 I_{max} 表示动稳定电流及其有效值。

如果满足式（6-38），则说明电气设备是短路动稳定的。

3. 选择电气设备的型号

选择电气设备的型号，还需要考虑电气设备安装场所（户内或户外）、环境和使用条件，及有无防尘、防腐、防火和防爆等要求。

4. 电气设备选择和校验项目

各种电气设备的选择和校验项目列于表 6-6 中，本章接下来的内容主要介绍高压断路器、高压隔离开关、高压负荷开关、低压断路器、熔断器、互感器和电力变压器等的选择和校验。

表 6-6 高低压电气设备的选择校验项目

电气设备名称	电压 /kV	电流 /A	断流能力 /kA	短路电流校验 动稳定度	短路电流校验 热稳定度	环境条件
高压断路器	√	√	√	√	√	√
高压隔离开关	√	√	—	√	√	√
高压负荷开关	√	√	√	√	√	√
熔断器	√	√	√	—	—	√
电流互感器	√	√	—	√	√	√
电压互感器	√	—	—	—	—	√
低压刀开关	√	√	—	△	△	√
低压断路器	√	√	√	△	△	√
母线	—	√	—	√	√	√
电缆	√	√	—	—	√	√

注：√—必须校验，△—可不校验。

6.7 高低压开关设备的选择

6.7.1 高压开关设备的选择

1. 选择电气设备的额定电压和额定电流

高压断路器、高压隔离开关和高压负荷开关的额定电压和额定电流按照式（6-33）~式（6-35）进行选择。

2. 断流能力的校验

1）高压隔离开关不能够带负荷操作，不需要校验其断流能力。

2）高压断路器能够断开短路电流，其断流能力按照式（6-39）校验：

$$I_{oc} \geq I_k \quad 或 \quad S_{oc} \geq S_k \tag{6-39}$$

式中，I_{oc} 和 S_{oc} 分别表示断路器的最大开断电流和最大断流容量；I_k 和 S_k 分别表示电气设备安装处的三相短路电流周期分量有效值和三相短路容量。

3）高压负荷开关能够通断正常的负荷电流和一定的过负荷电流，但是不能够断开短路电流，其断流能力按照可能切断的最大过负荷电流进行校验：

$$I_{oc} \geq I_{ol.\,max} \tag{6-40}$$

式中，I_{oc} 表示负荷开关的最大开断电流；$I_{ol.\,max}$ 表示负荷开关安装处通过的最大过负荷电流，一般取（1.5~3）I_{30}。

3. 短路稳定度校验

高压断路器、高压隔离开关和高压负荷开关均需按照式（6-37）和式（6-38）进行短路稳定度校验。

例6-6 图6-9为某变配电所电气主接线图，系统采用无限大容量电源供电，10kV母线发生三相短路时的三相短路电流周期分量有效值为13.8kA，保护装置的动作时间为1.4s，断路器固有分闸时间为0.1s，试选择10kV侧高压断路器QF和高压隔离开关QS。

解： 1) 电气设备安装处系统标称电压为 $U_N = 10\text{kV}$。

2) 计算电流 I_{30} 为：

$$I_{30} = I_{r.T} = \frac{S_{r.T}}{\sqrt{3} U_{r.T}} = \frac{6300}{\sqrt{3} \times 10}\text{A} = 364\text{A}$$

3) 三相短路电流周期分量有效值为 $I_k = 13.8\text{kA}$。

4) 短路电流热效应假想时间为：

$$t_{ima} = t_{op} + t_{oc} = (1.4 + 0.1)\text{s} = 1.5\text{s}$$

5) 短路冲击电流为：

$$i_{ch} = 2.55 i_k = 2.55 \times 13.8\text{kA} = 35.19\text{kA}$$

6) 短路热脉冲为：

$$I_\infty^2 t_{ima} = (13.8\text{kA})^2 \times 1.5\text{s} = 286(\text{kA})^2\text{s}$$

根据上述计算数据，按照高压断路器和高压隔离开关的选择方法，通过查找数据手册，选择高压户内 ZN28-12/630 型的高压真空断路器和 GN19-12/600 型的高压隔离开关，经过短路稳定度校验和断流能力校验，各项参数均满足要求，所选电气设备型号合适。计算和校验数据列于表6-7中。

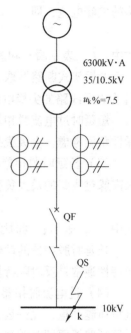

图6-9 例6-6图

表6-7 高压断路器和高压隔离开关选择和校验表

项目序号	安装地点的条件		ZN28-12/630 断路器		GN19-12/600 隔离开关		结论
	项目	数据	项目	数据	项目	数据	
1	U_N	10kV	$U_{r.QF}$	12kV	$U_{r.QS}$	12kV	合格
2	I_{30}	364A	$I_{r.QF}$	630A	$I_{r.Qs}$	600A	合格
3	I_k	13.8kA	I_{oc}	20kA	—	—	合格
4	i_{ch}	35.19kA	i_{max}	50kA	i_{max}	52kA	合格
5	$I_\infty^2 t_{ima}$	286 (kA)²s	$I_t^2 t$	$20^2 \times 4 = 1600$ (kA)²s	$I_t^2 t$	$20^2 \times 5 = 2000$ (kA)²s	合格

6.7.2 低压断路器的选择

高压断路器自动跳闸由继电保护装置或自动装置控制操动机构来完成，低压断路器与此不同，它集控制、保护和操动机构于一体，除了能够控制电路通断，还具有过电流、短路和欠电压保护功能来实现自动跳闸。低压断路器的选择主要是脱扣器参数的选择和整定，在选择时涉及到保护的可靠性、选择性、灵敏性和快速性四个基本要求。

1. 过电流脱扣器的选择及整定

（1）额定电流的选择 过电流脱扣器的额定电流不得小于线路的计算电流，即

$$I_{r.OR} \geq I_{30} \tag{6-41}$$

式中，$I_{r.OR}$ 表示过电流脱扣器的额定电流；I_{30} 为线路的计算电流。

（2）瞬时和短延时脱扣器动作电流的整定　瞬时和短延时脱扣器的动作电流应躲过线路的尖峰电流，即

$$I_{op.s} \geq K_{rel}I_{pk} \tag{6-42}$$

式中，$I_{op.s}$ 表示瞬时和短延时脱扣器的动作电流；K_{rel} 表示可靠系数，对于动作时间在 0.02s 以上的框架式断路器取 1.3~1.35，对于动作时间在 0.02s 以下的塑壳式断路器取 1.7~2；I_{pk} 为表示线路的尖峰电流。

短延时过电流脱扣器的动作时间一般有 0.2s、0.4s 和 0.6s 三种，从以时间差来保证选择性角度考虑，上级脱扣器的动作时间应比下级多 0.2s。

（3）长延时脱扣器动作电流的整定　长延时脱扣器主要用来保护过负荷，其动作电流只需躲过线路的最大负荷 I_{30}，即

$$I_{op.1} \geq K_{rel}I_{30} \tag{6-43}$$

式中，$I_{op.1}$ 表示长延时脱扣器的动作电流；K_{rel} 表示可靠系数，取 1.1。

长延时脱扣器的动作时间应躲过过负荷的持续时间，以保证过负荷故障时不动作，其动作特性通常是反时限特性，即通过的电流越大，动作时间越短。

（4）过电流脱扣器与被保护线路允许电流的配合　绝缘导线和线缆允许短时过负荷，过负荷越严重，允许运行的时间越短。为了避免绝缘导线和线缆长时间过负荷运行而烧毁，低压断路器要即时跳闸以保护线缆不被损坏。低压断路器过电流脱扣器的动作电流还应满足下列条件：

$$I_{op} \leq K_{ol}I_{al} \tag{6-44}$$

式中，I_{op} 表示脱扣器的动作电流；K_{ol} 表示绝缘导线和电缆的允许短时过负荷系数，对于瞬时和短延时脱扣器，一般取 4.5，对长延时脱扣器取 1；I_{al} 表示绝缘导线和线缆的允许载流量。

如果不满足上述配合要求，则应重新选择脱扣器动作电流或适当增大线缆截面。

2. 低压断路器灵敏度的校验

为了保证低压断路器的瞬时或短延时过电流脱扣器在系统最小故障强度作用下也能够可靠动作，需要对低压断路器的过电流脱扣器进行灵敏度校验。

两相短路时的灵敏度：

$$K_S^{(2)} = \frac{I_{k.min}^{(2)}}{I_{op.s}} \geq 2 \tag{6-45}$$

式中，$K_S^{(2)}$ 表示两相短路时的灵敏度；$I_{k.min}^{(2)}$ 表示最小运行方式下，线路末端的两相短路电流；$I_{op.s}$ 表示短延时过电流脱扣器动作电流。

单相短路时的灵敏度：

$$K_S^{(1)} = \frac{I_{k.min}^{(1)}}{I_{op.s}} \geq 1.5 \sim 2 \tag{6-46}$$

式中，$K_S^{(1)}$ 表示单相短路时的灵敏度；$I_{k.min}^{(1)}$ 表示最小运行方式下，线路末端的单相短路电流。

3. 低压断路器断流能力的校验

对于动作时间在 0.02s 以上的框架式断路器,其开断电流不得小于三相短路电流周期分量有效值,即

$$I_{oc} \geqslant I_k \tag{6-47}$$

式中,I_{oc} 表示断路器的开断电流;I_k 表示三相短路电流周期分量有效值。

对于动作时间在 0.02s 以下的塑壳式断路器,其开断电流不得小于三相短路冲击电流,即

$$i_{oc} \geqslant i_{ch} \quad 或 \quad I_{oc} \geqslant I_{ch} \tag{6-48}$$

式中,i_{oc} 和 I_{oc} 分别表示断路器的开断电流的峰值和有效值;i_{ch} 和 I_{ch} 分别表示冲击电流和其有效值。

4. 前后级断路器选择性的配合

前后级断路器在动作电流和动作时间上要合理配合以保证选择性。

(1) 动作电流配合 前级断路器的过电流脱扣器动作电流应大于后级断路器的过电流脱扣器动作电流,满足下列条件:

$$I_{op.上} \geqslant 1.2 I_{op.下} \tag{6-49}$$

式中,$I_{op.上}$ 和 $I_{op.下}$ 分别表示前级和后级断路器的过电流脱扣器动作电流。

(2) 动作时间配合 前级断路器过电流脱扣器应选用短延时过电流脱扣器,后级断路器过电流脱扣器应选用瞬时过电流脱扣器,如果前后级都选用短延时过电流脱扣器,则前级应比后级高一个时限。

6.8 互感器的选择

6.8.1 电流互感器的选择

1. 额定电压

电流互感器的额定电压按式(6-33)选择。

2. 额定电流

电流互感器一次侧额定电流有 20A、30A、40A、50A、75A、1100A、150A、200A、300A、400A、600A、800A、1000A、1200A、1500A 和 2000A 等多种规格,二次侧额定电流有 5A 和 1A 两种。电流互感器一次侧电流按照式(6-35)选择。

3. 二次负荷或容量校验

为了保证电流互感器的准确度等级,互感器二次侧所接负荷 Z_2 或容量 S_2 不得超过该准确度等级所规定的最大允许负荷 Z_{r2} 或容量 S_{r2},Z_{r2} 和 S_{r2} 可从产品样本中查得。

Z_2 和 S_2 利用下面两式求解:

$$Z_2 \approx \sum r_i + r_{wl} + r_{tou} \tag{6-50}$$

$$S_2 \approx \sum S_i + I_{r2}^2 r_{wl} + I_{r2}^2 r_{tou} \tag{6-51}$$

式中,$\sum r_i$ 和 $\sum S_i$ 分别表示电流互感器二次侧所接仪表的总内阻抗和总容量;r_{wl} 和 r_{tou} 分别表示电流互感器二次侧连接导线的电阻和接头、触点的接触电阻。

r_{tou} 一般取 0.1Ω，r_{wl} 计算公式为

$$r_{wl} = \frac{L_c}{\gamma S} \tag{6-52}$$

式中，L_c 表示二次回路导线长度，单位为 m；γ 表示导线的电导率，铜线 $\gamma_{Cu} = 53$m/(Ω·mm²)，铝线 $\gamma_{Al} = 32$m/(Ω·mm²)；S 表示导线的截面积，单位为 mm²。

电流互感器二次侧导线计算长度 L_c 与互感器接线方式有关，设从电流互感器二次侧端子到仪表、继电器接线端子的单向长度为 l，则：

1）电流互感器二次侧采用一相式接线时，$L_c = 2l$；
2）电流互感器二次侧采用两相不完全星形接线时，$L_c = \sqrt{3}l$；
3）电流互感器二次侧采用三相完全星形接线时，$L_c = l$。

如果校验结果不满足要求，则应适当增加导线的截面或重新选择可带更大负荷的电流互感器。

4. 热稳定度校验

电流互感器生产厂家通常给出热稳定倍数 K_t，是指在规定时间（通常取 1s）内所允许通过电流互感器的热稳定电流与其一次侧额定电流之比，即

$$K_t = \frac{I_t}{I_{r1}} \tag{6-53}$$

式中，I_t 表示热稳定电流；I_{r1} 表示电流互感器一次侧额定电流。

电流互感器热稳定按照式（6-54）校验：

$$(K_t I_{r1})^2 t \geq I_\infty^2 t_{ima} \tag{6-54}$$

如果满足式（6-54），说明电流互感器是热稳定的。

5. 动稳定度校验

电流互感器生产厂家通常给出动稳定倍数 K_{es}，是指电流互感器允许短时极限通过电流峰值与电流互感器一次侧额定电流峰值之比，即

$$K_{es} = \frac{i_{es}}{\sqrt{2}I_{r1}} \tag{6-55}$$

式中，i_{es} 表示动稳定电流。

电流互感器动稳定按照式（6-56）校验：

$$\sqrt{2}K_{es}I_{r1} \geq i_{ch} \tag{6-56}$$

如果满足式（6-56），说明电流互感器是动稳定的。

6.8.2 电压互感器的选择

1. 额定电压

电压互感器一次绕组额定电压不低于所接电网的系统标称电压，二次绕组的额定电压一般为 100V。

2. 准确度等级

计量用的电压互感器一般选 0.2 级以上，测量用的选 0.5~1 级，保护用的有 3P 和 6P。

3. 二次容量的校验

误差随负荷大小变化，为保证准确度，电压互感器二次侧所接仪表和继电器电压线圈的

总负荷 S_2 不得超过该准确度等级所规定的最大负荷 S_{r2}，即

$$S_2 \leqslant S_{r2} \tag{6-57}$$

式中，

$$S_2 = \sqrt{\left(\sum P\right)^2 + \left(\sum Q\right)^2} \tag{6-58}$$

6.9 熔断器的选择

1. 额定电压

熔断器的额定电压大于或等于安装处的系统标称电压。

2. 熔断器额定电流

熔断器额定电流不小于熔体额定电流，即

$$I_{\text{r.FU}} \geqslant I_{\text{r.FE}} \tag{6-59}$$

式中，$I_{\text{r.FU}}$ 表示熔断器额定电流；$I_{\text{r.FE}}$ 表示熔体额定电流。

3. 熔体额定电流

熔体额定电流的选择既要保证不误动，又能有效地实现过负荷和短路保护功能。

（1）用于保护电力线路

1）正常工作时熔体不应熔断，要求熔体额定电流应大于或等于通过熔体的最大工作电流，即

$$I_{\text{r.FE}} \geqslant I_{\text{w.max}} \tag{6-60}$$

式中，$I_{\text{w.max}}$ 表示通过熔体的最大工作电流。

2）熔体额定电流应躲过线路的尖峰电流，不会因为尖峰电流的作用而熔断。由于熔体发热熔断需要一定的时间，而尖峰电流持续时间较短，因此熔体额定电流不必大于尖峰电流，而是根据尖峰电流持续时间长短来确定熔体额定电流。

对于电动机起动过程中产生的尖峰电流，要求：

$$I_{\text{r.FE}} \geqslant K I_{\text{pk}} \tag{6-61}$$

式中，I_{pk} 表示通过熔体的尖峰电流；K 表示计算系数，当电动机起动时间小于 3s 时，$K = 0.25 \sim 0.4$，当起动时间为 $3 \sim 8$s 时，$K = 0.35 \sim 0.5$，当起动时间大于 8s 或电机频繁起动时，$K = 0.5 \sim 0.6$。

（2）用于保护电力变压器

对于 $6 \sim 10$kV，额定容量在 1000kV·A 以下的电力变压器均可以用熔断器进行过负荷和短路保护，熔体额定电流取变压器一次侧额定电流的 $1.4 \sim 2$ 倍，即

$$I_{\text{r.FE}} \geqslant (1.4 \sim 2) I_{\text{r1.T}} \tag{6-62}$$

式中，$I_{\text{r1.T}}$ 表示电力变压器一次侧额定电压。

（3）用于保护电压互感器

电压互感器二次侧负载阻抗很小，近似空载，保护电压互感器的熔断器，熔体额定电流一般取 0.5A，选用 RN2 型熔断器。

4. 前后级熔断器配合使用

在低压配电系统中熔断器使用较多，如果前后级线路都采用熔断器进行短路保护，那么

两级熔断器在动作上要满足选择性,即靠近故障点的熔断器先熔断。在整定时,前级和后级熔断器熔体熔断时间应满足 $t_1 > 3t_2$,如果不满足时间要求,则前级熔体额定电流应比后级熔体额定电流大两级。

5. 熔体额定电流与线缆配合

为了保证线路发生过负荷或短路故障时,导线和电缆不会因过热而损坏,熔断器要能够及时熔断,切除故障。因此熔体额定电流要与线缆的允许载流量相配合,一般要求满足下列条件:

$$I_{r.FE} \leq K_{OL} I_{al} \tag{6-63}$$

式中,I_{al} 表示导线或电缆的允许载流量;K_{OL} 表示导线或电缆的允许短时过负荷系数。对于电缆和穿管绝缘导线,取 $K_{OL}=2.5$;对于明敷绝缘导线,取 $K_{OL}=1.5$;如果熔断器既作为短路保护又作为过负荷保护,取 $K_{OL}=1$。

6. 熔断器断流能力校验

熔断器分为限流熔断器和非限流熔断器,分别校验。

(1) 限流熔断器 限流熔断器能够在短路电流达到冲击值之前熔断,因此按照式(6-64)校验:

$$I_{oc} \geq I'' \quad \text{或} \quad S_{oc} \geq S'' \tag{6-64}$$

式中,I_{oc} 和 S_{oc} 分别为熔断器的开断电流和断流容量;I'' 和 S'' 分别为熔断器安装处的三相短路次暂态电流有效值和短路容量。

(2) 非限流熔断器 非限流熔断器不能够在短路电流达到冲击值之前熔断,因此其断流能力按照式(6-65)校验:

$$I_{oc} \geq I_{ch} \quad \text{或} \quad S_{oc} \geq S_{ch} \tag{6-65}$$

式中,I_{ch} 和 S_{ch} 分别为熔断器安装处的三相短路冲击电流有效值和短路容量。

7. 熔断器灵敏度校验

为了保证熔断器对其保护范围内最小强度的故障也能够感知,可靠保护,要求灵敏系数:

$$K_S = \frac{I_{k.min}}{I_{r.FE}} \geq 4 \sim 7 \tag{6-66}$$

式中,$I_{k.min}$ 为线路末端的最小短路电流(两相或单相短路电流);K_S 表示熔断器的灵敏系数。

6.10 电力变压器的选择

1. 变压器台数的选择

变压器台数选择原则为

1) 从负荷等级方面考虑。当含有一级、二级负荷时,宜采用两台及以上电力变压器供电,以保证电力变压器故障或检修时,负荷不停电,提高供电可靠性。

2) 从负荷容量方面考虑。当负荷容量较大并且集中时,虽然只有三级负荷,也可采用两台及以上变压器供电。

3) 从经济性和系统运行灵活性方面考虑。对于季节性或昼夜变化较大的负荷,宜由两台电力变压器供电,便于根据负荷变动情况投切电力变压器,减小损耗,节约成本。

2. 变压器容量的选择

(1) 装有一台主变压器的变配电所　主变压器的容量不小于总的计算负荷,即

$$S_{r.T} \geqslant S_{30} \quad (6-67)$$

式中,$S_{r.T}$ 表示变压器的额定容量;S_{30} 表示视在计算负荷。

(2) 装有两台主变压器的变配电所　每台主变压器的容量不小于总计算负荷的 60%,一般取 70%,即

$$S_{r.T} \approx 0.7 S_{30} \quad (6-68)$$

同时,每台主变压器的容量不小于全部一、二级负荷总容量,即

$$S_{r.T} \geqslant S_{30(I+II)} \quad (6-69)$$

式中,$S_{30(I+II)}$ 表示一、二级负荷总容量。

思考题与习题

6-1　线缆截面选择需要满足的 4 个条件分别是什么?

6-2　简述截面大小对温度、电阻和电能损耗的影响。

6-3　列出保护线截面的选择方法。

6-4　照明线路按照哪个条件选择截面?

6-5　简述电压损失和电压降的区别。

6-6　高压断路器、高压隔离开关和高压负荷开关中,哪种设备不需要校验断流能力,为什么?

6-7　熔断器为什么不需要校验短路热稳定度和动稳定度?

6-8　说出 LGJ-120 型导线各代码的含义。

6-9　已知 LJ-50:$r_0=0.66\Omega/\text{km}$,$x_0=0.37\Omega/\text{km}$。LJ-70:$r_0=0.46\Omega/\text{km}$,$x_0=0.36\Omega/\text{km}$。LJ-95:$r_0=0.34\Omega/\text{km}$,$x_0=0.34\Omega/\text{km}$。线路额定电压为 10kV。比较下列两种方案电压损失的大小。

方案 1:1WL、2WL、3WL 导线的型号均为 LJ-70。

方案 2:1WL、2WL、3WL 导线的型号分别为 LJ-95、LJ-70、LJ-50。

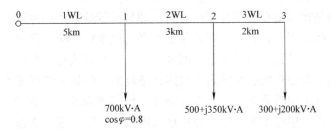

图 6-10　题 6-9 图

6-10　有一条用 LJ 型铝绞线架设的 4km 长的 0.38kV 架空线路,该线路与铁路交叉跨越,其计算负荷为 50kW,$\cos\varphi=0.9$,$T_{max}=6000\text{h}$。试选择其经济截面,并校验其发热条件和机械强度。

第 7 章 供配电系统的继电保护

设置保护是供配电系统设计中重要的环节之一,虽然通过技术手段可以降低故障发生概率,但是故障和异常运行状态的发生仍无法避免。保护装置可以保护系统元件不被损坏,保障非故障部分正常运行,或者发出声光报警信号,提醒值班人员及时处理。低压系统一般采用熔断器和断路器进行保护,中高压系统一般采用继电保护装置进行保护。本章讨论继电保护的相关理论知识和整定计算方法,包括继电保护的作用和要求、继电保护原理和各种继电器的特点、保护装置接线、电力线路和变压器的继电保护方法和整定计算步骤。

7.1 继电保护概述

供配电系统的运行状态分为 3 种,分别是正常运行状态、不正常运行状态(也称为异常运行状态)和故障状态。

正常运行状态是指系统在设定范围内运行。理想运行状态是一种正常运行状态,但是正常运行状态不一定指理想运行状态,它还包括很多其他运行情况。例如,电动机额定运行是一种理想运行状态,也是正常运行状态;而轻载是正常运行状态,但不是理想运行状态。

不正常运行状态是指系统已经偏离了设定状态范围,但是偏离程度不大的运行状态。不正常运行状态已经有了中断系统正常工作或损坏系统的迹象出现,但是不会立刻产生作用。例如,过负荷运行或小接地系统发生单相接地故障都是不正常运行状态。

故障状态是指系统偏离设定状态范围程度较大的运行状态,故障发生会立刻损坏系统元件或中断系统正常工作。例如,短路和断线都是故障运行状态。

发生故障或不正常运行状态时要及时处理,以免损坏系统元件或使不正常运行状态发展成故障。继电保护是应对故障和不正常运行状态的有效措施。

1. 继电保护的任务

(1) 继电保护在系统运行中有两方面的作用

1) 针对故障运行。继电保护可以保护故障元件不被损坏,同时保证系统非故障部分迅速恢复正常工作。

2）针对不正常运行。继电保护可以发出警示，提醒值班人员及时排除异常运行状态，避免其发展为故障状态。例如，过负荷运行时，可以切除一些不重要的负荷，使其控制在正常负荷范围内。

(2) 继电保护在系统设计中也具有重要的作用　其是线路和电气设备在参数选择时考虑的因素之一。发生故障时会产生较大的故障能量冲击，由于继电保护装置对故障能量冲击起到消减作用，因此线路和电气设备只需承受部分的能量冲击，继电保护装置消减的越多，线路和电气设备承受的越少，如果没有继电保护装置的消减作用，故障能量冲击则需完全由线路和电气设备来承受。例如，如果不设置继电保护装置，短路电流能量冲击完全由线路来承受，那么线缆截面可达到平方分米以上级别，这是不可行的。

2. 继电保护的原理和分类

(1) 继电保护的原理　供配电系统发生故障时，某些参量会在量值或特征方面与系统正常运行时存在差异，继电保护通过监测差异是否出现，来判断是否发生故障，进而进行保护。继电保护装置类型和结构多样，但基本原理相同，一般由以下3部分组成，原理框图如图7-1所示。

1) 测量部分：测量被保护元件的运行参量，作为继电保护装置的输入信号，将输入信号与保护装置整定值进行比较，判断是否发生故障或是否在不正常运行状态，保护是否启动。

2) 逻辑部分：根据测量部分的输出信号，进行逻辑判断，确定保护是否动作，并向执行元件发出相应的信号。

3) 执行部分：根据逻辑部分传输的信号，完成保护装置的任务，动作于跳闸或发出信号。

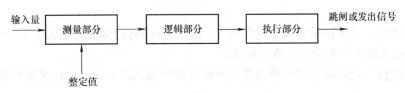

图 7-1　继电保护装置原理框图

(2) 继电保护的分类　继电保护有很多属性，因此有不同的分类标准，每一分类标准下，可划分为多种保护类别。

按照保护对象，分为线路保护、变压器保护、电动机保护和电容器保护等。

按照保护的故障类型，分为短路保护、过负荷保护和单相接地保护等。

按照保护地位，分为主保护和后备保护，后备保护又分为近后备保护和远后备保护。主保护是指以最快的速度有选择性切除故障的保护；近后备保护是指当主保护拒动时，由本元件的另一套保护装置实现后备，远后备保护是指当主保护或断路器拒动时，由相邻元件的保护实现后备。

按保护的技术特征，分为无时限电流速断保护、过电流保护、差动保护和零序电流保护等。

按保护的执行方式，分为动作于跳闸的保护和动作于信号的保护。

在描述某一种具体保护方式时，可将以上某些属性同时包含在内，例如，"用无时限电流速断保护作线路相间短路保护的主保护"，从名称可知，这种保护的保护对象为线路，针对的故障类别为相间短路，保护的地位为主保护，保护的技术特征为采用无时限电流速断保护。

3. 继电保护的基本要求

对动作于跳闸的继电保护，在技术上一般有4个基本要求，即可靠性、选择性、速动性（快速性）和灵敏性。

（1）可靠性　可靠性即不误动和不拒动，这是继电保护最基本的要求。不误动是指系统正常运行时，继电保护不应动作；不拒动是指在保护范围内发生故障时，保护装置应正常工作切除故障。

（2）选择性　选择性是指只将故障元件从系统中切除，非故障部分可以继续运行。如果将故障元件和某些正常元件同时切除，则失去了选择性。例如，图7-2所示系统，当线路WL2上k点发生短路时，应由保护2驱动断路器QF2跳闸切除故障线路，如果QF1跳闸，则会将正常线路WL1以及WL21等也切除，保护失去了选择性。

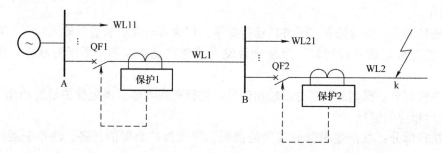

图7-2　选择性说明

（3）速动性　速动性是指发生故障时，保护应尽快将故障元件切除，减轻故障元件的受损程度，使系统正常部分快速恢复供电。

（4）灵敏性　表示保护对保护范围内发生故障的感知能力，一般用灵敏系数表示：

$$K_S = \frac{X_{\min}}{X_{op}} \tag{7-1}$$

式中，K_S表示灵敏系数；$X_{\min}$表示最小强度故障参量；X_{op}表示保护对应的一次系统动作值。

最小强度故障参量不一定是最小量值，故障强度是指运行参量偏离正常参量的程度，偏离程度越大，故障强度越大。例如，过电流保护中，故障电流越小，故障强度越小；欠电压保护中，电压越低，故障强度越大。

4. 常用继电器

（1）继电器分类　继电器种类很多，按照继电器的动作和构成原理，分为电磁式继电器、感应式继电器、半导体式继电器和微机式继电器等；按照继电器反应的物理量，分为电流继电器、电压继电器、功率继电器和气体继电器等；按照继电器反应的状态量变化，分为过量继电器和欠量继电器，例如过电流继电器和欠电压继电器；按照继电器在保护装置中的地位，分为起动继电器、时间继电器、信号继电器和中间继电器（出口继电器）等。

（2）继电器电路模型和表示方法　继电保护装置由若干继电器组成，继电器是继电保护的核心元件。当继电器的输入信号满足一定条件时，在其输出回路中会产生状态切换，以对所连接电路进行控制。电磁式和感应式继电器可以看成是一个二端口网络，如图7-3所示，其输入端口为继电器的线圈回路，输出端口为继电器的触点回路。多数继电器只有一个线圈，但有多对触点。线圈分为高阻抗线圈和低阻抗线圈，高阻抗线圈一般指电压线圈，低阻抗线圈为电流线圈。触点分为动合触点（常开触点）和动断触点（常闭触点），继电器中包含的触点类型可以相同，也可以不同。

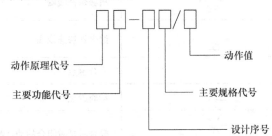

图7-3 继电器二端口模型

继电器的触点用两位数字表示，第1位数字表示相同类型触点的序号，第2位数字表示触点类型，用1、2表示动断触点，3、4表示动合触点，如图7-4所示。图7-4a继电器有两对动合触点，图7-4b继电器包含一对动断触点和一对动合触点。

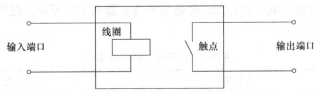

图7-4 触点表示方法

我国继电器的全型号表示如图7-5所示。

图7-5 我国继电器的全型号表示

继电器型号中各个代号的含义见表7-1。

表7-1 继电器型号中各个代号含义

动作原理代号		主要功能代号			
代号	含义	代号	含义	代号	含义
B	变压器型晶体管型	L	电流	D	接地
D	电磁型	J, Y	电压	CH, CD	差动
G	感应型	Z	中间	C	冲击
J	极化型	S	时间	H	极化
L	整流型	X	信号	N	逆流
M	电动机型	G	功率	T	同步
S	数字型	P	平衡	H	重合闸
F	附件	Z	阻抗	ZC	综合重合闸
Z	组合型	ZB	中间（防跳）	ZS	中间延时

例如，DL-11/10表示电磁式电流继电器，有一对动合触点，动作电流为10A。

一些常用继电器的符号表示见表7-2。

（3）电磁式继电器 电磁式继电器包括电磁式电流继电器、电磁式电压继电器、电磁式时间继电器、电磁式信号继电器和电磁式中间继电器，下面分别进行介绍。

1）电磁式电流继电器。

电磁式电流继电器（型号为 DL）在保护装置中通常用作起动元件，检测电流参数，文字符号一般用 KA 表示。

下面以电磁式过电流继电器为例，介绍电流继电器的工作原理。图 7-6 是电磁式过电流继电器的原理结构图。

表 7-2 常用继电器符号表示

类别	图形符号	含义
线圈		一般符号
		双绕组线圈
		缓慢释放线圈
		缓慢吸合线圈
		机械保持线圈
		继电器快速线圈
触点		动合触点
		动断触点
		吸合时延时闭合的动合触点
		释放时延时断开的动合触点
		吸合时延时断开的动断触点
		释放时延时闭合的动断触点
限定符号	$I>$	过电流
	$U>$	过电压
	$U<$	欠电压
		延时
		可调延时
		反时限延时

(续)

类别	图形符号	含义
测量继电器示例	$I>$	延时过电流继电器
	$I>5A$	过电流继电器 动作电流为5A
	(气体继电器符号)	气体继电器
	θ	可调延时温度继电器
	$U<$	欠电压继电器
	$I \leftarrow$	逆流继电器

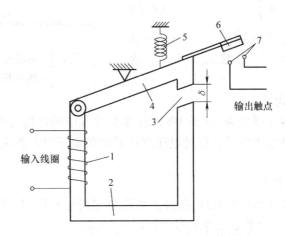

图7-6 电磁式过电流继电器原理结构图
1—线圈 2—铁心 3—气隙 4—衔铁 5—弹簧 6—动触头 7—静触头

继电器线圈通电后,衔铁受到电磁力的作用,同时衔铁还受到弹簧拉力和转轴摩擦阻力的作用,当线圈电流增大到某一个值后(称为继电器动作电流),电磁力略大于总阻力,衔铁向吸合方向运动,在运动过程中,气隙逐渐减小,电磁吸力和弹簧拉力逐渐增大,由于电磁吸力增大的多,使得电磁力与阻力的差值逐渐增大,衔铁能够可靠吸合,触点状态变化。衔铁处于吸合状态时,将线圈电流减小到动作电流,由于衔铁电磁力比弹簧拉力大很多,而且还有转轴摩擦力的作用,衔铁无法释放,只有将线圈电流减小到某一个值后(称为继电器返回电流),弹簧拉力略大于电磁力与转轴摩擦力之和,衔铁释放,在释放过程中,电磁力减小得多,衔铁能够可靠返回,触点状态恢复。

图7-7 为 DL–10 系列电流继电器内部接线。

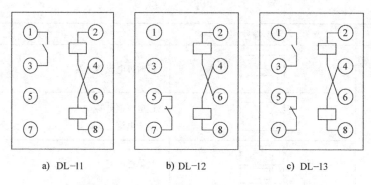

a) DL-11　　　　b) DL-12　　　　c) DL-13

图 7-7　DL-10 系列电流继电器内部接线

图 7-8 表示电磁式过电流继电器的滞回特性。

继电器动作电流用 I_{op} 表示，返回电流用 I_{re} 表示，返回电流与动作电流之比称为返回系数，用 K_{re} 表示，即

$$K_{re} = \frac{I_{re}}{I_{op}} \qquad (7-2)$$

过量继电器的返回系数小于 1，一般取 0.85；欠量继电器的返回系数大于 1，一般取 1.15。

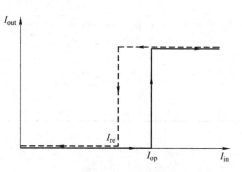

图 7-8　电磁式过电流继电器的滞回特性曲线

2）电磁式电压继电器。

电磁式电压继电器（型号为 DJ 或 DY）在保护装置中的作用与电流继电器基本相同，也用作起动元件，检测电压参量，有过电压继电器和欠电压继电器两种，文字符号一般用 KV 表示。

3）电磁式时间继电器。

电磁式时间继电器（型号为 DS）在保护装置中起到延时作用，提供规定的动作时限，以保证保护装置动作的选择性，文字符号一般用 KT 表示。

4）电磁式信号继电器。

电磁式信号继电器（型号为 DX）用在保护装置中，接通信号回路，发出指示信号，指示保护装置已经动作，提醒值班人员注意，文字符号一般用 KS 表示。

5）电磁式中间继电器。

电磁式中间继电器（型号为 DZ）触头容量大，且触头数量多，通常用在保护装置的出口回路中，接通断路器跳闸线圈回路，文字符号一般用 KM 表示。

（4）感应式电流继电器　感应式电流继电器是一种组合式继电器，型号为 GL，在 35kV 以下配电系统中广泛使用，包含反时限部分和速断部分，两部分分别对输入电流作出比较判断，逻辑结果进行"或"运算，决定继电器是否动作。反时限部分包含两个整定值：动作电流和动作时间。具有反时限特性，即通入的电流越大，动作时间越短，动作越迅速。速断部分只有一个整定值：动作电流。反时限部分的动作电流称为继电器的动作电流。由于每一个动作电流值下都有一条反时限特性，因此有多条反时限特性曲线，为了用一条曲线表示，

定义动作电流倍数为

$$n = \frac{I_R}{I_{op.R}} \tag{7-3}$$

式中，n 表示动作电流倍数；I_R 表示继电器输入电流；$I_{op.R}$ 表示继电器动作电流。

动作电流倍数与时间的关系曲线与动作电流无关，如图 7-9 所示。

将 $n=10$ 对应的时间称为反时限部分的动作时间，用 t_{10} 表示。

当继电器输入电流增大到速断部分动作电流时，继电器立即动作，速断部分的动作电流与继电器动作电流之比称为速断动作电流倍数，即

$$n_{速} = \frac{I_{op.速}}{I_{op.R}} \tag{7-4}$$

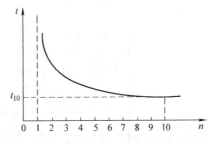

图 7-9　动作电流倍数与时间的关系曲线

式中，$n_{速}$ 表示速断动作电流倍数；$I_{op.速}$ 表示速断部分动作电流。

5. 继电保护装置接线

继电保护装置的接线方式是指电流互感器与电流继电器之间的连接方式，由于供配电系统为三相系统，因此还涉及电流互感器的设置方式，即设置几台电流互感器，分别设置在一次系统的哪几相上。为了表述继电器输入电流与电流互感器二次绕组电流的关系，引入接线系数 K_ω：

$$K_\omega = \frac{I_R}{I_{2.TA}} \tag{7-5}$$

式中，I_R 表示继电器输入电流；$I_{2.TA}$ 表示电流互感器二次绕组电流。

一次系统电流与继电器输入电流关系为

$$I_R = K_\omega I_{2.TA} = K_\omega \frac{I_1}{K_i} \tag{7-6}$$

式中，I_1 表示一次系统电流，等于电流互感器一次绕组电流；K_i 表示电流互感器电流比。

（1）三相三继电器完全星形接线　三相三继电器接线如图 7-10 所示，3 个电流互感器与 3 个电流继电器对应连接，输入继电器的电流与电流互感器二次绕组电流相等，因此接线系数为 1，与故障类型无关，这种接线对各种故障都起作用。

（2）两相二继电器不完全星形接线　两相二继电器接线如图 7-11 所示，电流互感器设置在两个边相上，对各种相间短路故障都能起到保护作用，但是不能保护中间相的单相接地短路，因此广泛用于中性点不接地系统中，接线系数为 1。

（3）两相电流差接线　两相电流差接线如图 7-12所示，只用一个电流继电器，输入继电器的电流为两个电流互感器二次绕组电流之差，适用于中性点不接地系统的变压器和线路相间

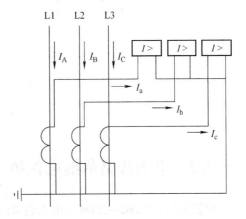

图 7-10　三相三继电器完全星形接线

短路保护，接线系数与故障类型有关。

1）三相短路时，输入继电器的为线电流，接线系数为$\sqrt{3}$。
2）边相和中间相之间短路时，输入继电器的电流为一相的短路电流，接线系数为1。
3）两个边相之间短路时，输入继电器的电流为二倍的相短路电流，接线系数为2。

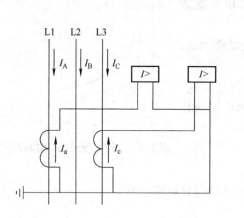
图 7-11　两相二继电器不完全星形接线

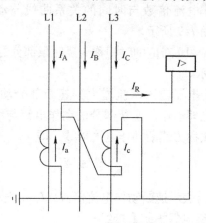
图 7-12　两相电流差接线

（4）三相电流和接线　三相电流和接线如图 7-13 所示，用一台电流继电器测得三相电流之和，由于三相电流和等于三倍零序电流，所以也称为零序电流接线，这种接线用于小接地系统的单相接地保护。

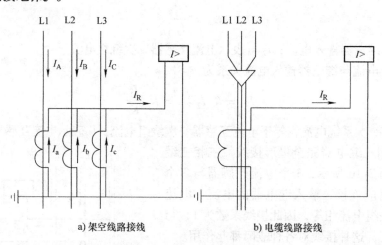

a) 架空线路接线　　　　　　b) 电缆线路接线

图 7-13　三相电流和接线

7.2　电力线路的继电保护

根据 GB/T 50062—2008《电力装置的继电保护和自动装置设计规范》的规定，电力线路上应装设相间短路保护、过负荷保护和单相接地保护。对于相间短路保护，有三种经典的继电保护方法，分别是无时限电流速断保护、定时限（反时限）过电流保护和带时限电流速断保护，被称为电流三段保护，这三种保护方法组合应用以兼顾继电保护的可靠性、选择性、速动性和灵敏性 4 个要求。

7.2.1 无时限电流速断保护

无时限电流速断保护速动性好，以动作电流来保证选择性，动作电流较大，灵敏性差，具有保护死区。

1. 动作时间整定

无时限电流速断保护瞬时动作，动作时限 $\Delta t = 0$。

2. 动作电流整定

图 7-14 示出两级线路的保护设置，上级线路 WL1 首端设置断路器 QF1，当 WL1 上某点发生相间短路时，应由保护 1 驱动断路器 QF1 跳闸，将 WL1 切除；下级线路 WL2 首端设置断路器 QF2，当 WL2 上某点发生相间短路时，应由保护 2 驱动断路器 QF2 跳闸，将 WL2 切除，线路 WL1 不受影响。

短路发生位置不同，短路回路阻抗不等，因此短路电流大小与短路点位置有关，短路点越靠近电源侧，短路电流越大，同时短路电流大小还与系统运行方式和故障类型有关，图 7-14 给出了短路电流与短路点位置关系曲线。上面一条曲线是短路电流的上限，表示系统最大运行方式下的三相短路电流，下面一条曲线是短路电流的下限，表示系统最小运行方式下的两相短路电流。

仅从保护本级线路角度来看，线路 WL1 上任意一点发生故障时，保护 1 的无时限电流

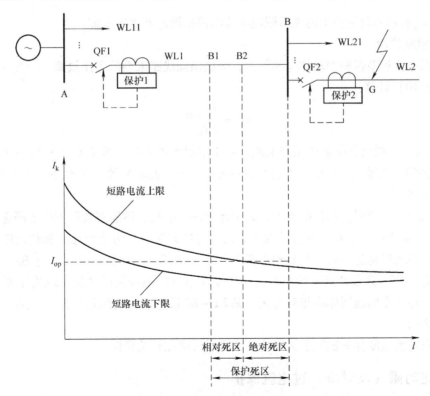

图 7-14 无时限电流速断保护

速断保护应瞬时动作，切除故障，使母线 A 电压恢复，WL11 等线路恢复正常供电。要实现这个任务，需要电流速断保护的动作电流小于线路末端最小短路电流。但是由于下级线路首端（断路器出口位置 G 点）与上级线路末端 B 点的电气距离很小，短路电流基本相同，当 G 点发生短路时，保护 1 的电流速断保护也会感知到，这时会出现断路器 QF1 和 QF2 竞争跳闸的现象，如果 QF1 跳闸，则保护失去了选择性。

由于无时限电流速断保护以提高动作电流来保证选择性，因此其动作电流整定原则为按照躲过下级线路首端（也是本级电网末端）最大短路电流来整定无时限电流速断保护的动作电流，即

$$I_{op.1} > I_{k3.max.B} \tag{7-7}$$

式中，$I_{op.1}$ 表示本级保护 1 的无时限电流速断保护一次动作电流，$I_{k3.max.B}$ 表示下级电网首端（也是本级电网末端）最大短路电流，即 B 点最大运行方式下的三相短路电流。

引入可靠系数 K_{rel}，则保护 1 一次动作电流为

$$I_{op.1} = K_{rel} I_{k3.max.B} \tag{7-8}$$

电磁式继电器的可靠系数 K_{rel} 一般取 1.2，感应式继电器一般取 1.5。

根据式（7-6）得到对应的继电器整定电流为

$$I_{op.R.1} = \frac{K_\omega K_{rel}}{K_i} I_{k3.max.B} \tag{7-9}$$

式中，$I_{op.R.1}$ 表示本级保护 1 的无时限电流速断保护继电器整定电流。

3. 灵敏度校验

无时限电流速断保护的动作电流较大，无法感知线路末端的短路故障，因此其灵敏系数按照式（7-10）计算：

$$K_S = \frac{I_{min.首}}{I_{op}} \tag{7-10}$$

式中，$I_{min.首}$ 表示线路首端最小短路电流，对于本级保护 1 应为 A 点最小短路电流 $I_{k2.min.A}$；I_{op} 表示保护的一次系统动作值，本级线路用 $I_{op.1}$ 表示。要求灵敏系数 K_S 不小于 1.5。

4. 保护死区

无时限电流速断保护动作电流大，无法保护线路全长，不能有效保护的范围称为保护死区，如图 7-14 线路末端 B1 – B 段为保护死区，保护死区又分为绝对死区和相对死区，绝对死区是指在系统任何运行状态和短路故障类型下，都得不到保护的范围，见 B2 – B 段，从图中可以看出 B2 – B 段的最大短路电流小于动作电流；是否能得到保护取决于系统运行状态和短路故障类型的范围称为相对死区，见 B1 – B2 段，动作电流位于最小短路电流和最大短路电流之间。

无时限电流速断保护牺牲了灵敏性，换取了快速性和选择性。

7.2.2 定时限（反时限）过电流保护

定时限（反时限）过电流保护动作电流小，灵敏性好，以动作时间差来保证选择性，速动性差。

1. 动作电流整定

定时限（反时限）过电流保护按照躲过线路上可能出现的最大过负荷电流，来整定保护的动作电流，因此动作电流较小，一般保护范围可延伸到下级线路。在下级线路发生短路故障时，为了保证选择性，上级线路动作时间比下级线路高一个时限，使下级线路的保护先动作，切除故障。由于在下级线路发生短路时，上级线路的保护已经起动，因此，下级故障切除后，要求上级线路的保护在到达动作时限前能够可靠返回。

因此，定时限（反时限）过电流保护动作电流整定需满足两个条件：

1) 动作电流躲过线路上可能出现的最大过负荷电流；

2) 故障切除后，返回电流应躲过包括自起动电流在内的负荷电流。

上述两个条件，第二个条件更难满足要求，因此一般按照第二个条件整定保护的动作电流。下面以图7-15所示线路为例对保护的动作过程进行简单解释。

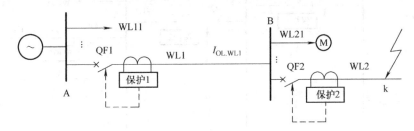

图7-15 定时限（反时限）过电流保护动作过程

上级线路的保护1和下级线路的保护2都设置定时限（反时限）过电流保护，当下级线路k点发生短路时，由于定时限（反时限）过电流保护的动作电流小，因此保护1和保护2的过电流保护都会起动，由于保护2的过电流保护动作时限小，因此保护2先动作驱动断路器QF2跳闸，切除故障。此外，当k点发生短路时，母线B电压降低，母线上所带电动机转速下降，故障切除后，母线电压恢复，电动机转速上升，这是电动机的自起动过程，自起动电流较大。保护1的过电流保护在起动后，一直处于等待状态，当到达设定时限后，保护1过电流保护动作驱动QF1跳闸。当故障切除后，如果叠加电动机自起动电流的负荷电流小于保护1过电流保护的返回电流，则保护1可靠返回，不会动作。

定时限（反时限）过电流保护按照式（7-11）整定：

$$I_{re.1} > I_{OL.WL1} \tag{7-11}$$

式中，$I_{re.1}$表示本级保护1的过电流保护的一次返回电流；$I_{OL.WL1}$表示线路WL1上可能出现的最大过负荷电流，一般为计算电流的1.5~4倍。

引入可靠系数，本级保护1过电流保护一次动作电流为

$$I_{op.1} = K_{rel} \frac{I_{OL.WL1}}{K_{re}} \tag{7-12}$$

式中，K_{re}为继电器返回系数，一般取0.85；K_{rel}为可靠系数，电磁式继电器一般取1.2，感应式继电器一般取1.3。

保护1过电流保护继电器动作电流为

$$I_{op.R.1} = \frac{K_{rel}K_{\omega}}{K_{re}K_i} I_{OL.WL1} \tag{7-13}$$

2. 动作时间整定

过电流保护包括定时限过电流保护和反时限过电流保护，定时限过电流保护采用电磁式继电器，每级线路上保护的动作时间固定。反时限过电流保护采用感应式继电器，每级线路上保护的动作时间不固定，电流越大，动作越快。相邻上下级线路保护通过动作时间差保证选择性。

（1）定时限过电流保护 图 7-16 为系统接线和定时限过电流保护动作时间特性。其中，保护 1、2 和 3 都设置定时限过电流保护，上级过电流保护比相邻下级保护高一个时限 Δt，一般取 $\Delta t = 0.5\text{s}$。

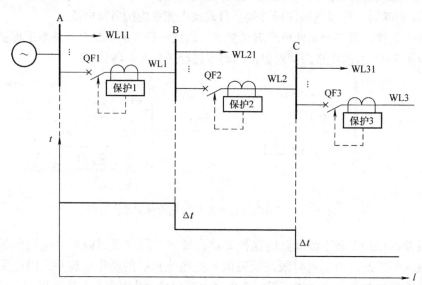

图 7-16 定时限过电流保护动作时间特性

定时限过电流保护的动作时间有累积效应，越靠近电源侧发生短路，动作时间越长，而靠近电源侧发生短路时，短路电流较大，应快速切除故障，所以定时限过电流保护速动性较差。

（2）反时限过电流保护 图 7-17 为反时限过电流保护动作时间特性。每级保护的动作时间特性都是一条上翘的曲线，越靠近线路首端，动作时间越短，在整定动作时间时，只需在两级线路交点处，使上级保护比下级保护高一个动作时限 Δt，即可保证选择性。

反时限过电流保护的动作时间在线路首端已经减小很多，因此其动作时间特性要优于定时限过电流保护。

3. 灵敏度校验

定时限（反时限）过电流保护灵敏系数按照一般公式计算，即

$$K_\text{S} = \frac{I_{\text{k2.min.末}}}{I_{\text{op.1}}} \tag{7-14}$$

式中，$I_{\text{k2.min.末}}$ 表示线路末端最小短路电流；$I_{\text{op.1}}$ 表示一次动作电流。

灵敏系数要求不小于 1.5。

如果定时限（反时限）过电流保护作为下一级线路的后备保护，则灵敏系数按照式（7-15）计算：

第 7 章 供配电系统的继电保护

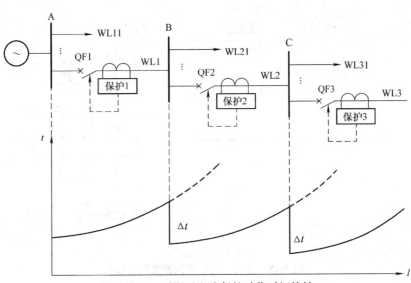

图 7-17 反时限过电流保护动作时间特性

$$K_\text{S} = \frac{I_\text{k2.min.下.末}}{I_\text{op.1}} \tag{7-15}$$

式中，$I_\text{k2.min.下.末}$ 表示下级线路末端最小短路电流。

灵敏系数要求不小于 1.2。

4. 定时限过电流保护装置工作原理

图 7-18 是一种定时限过电流保护装置，图 7-18a 为集中表示法（也称为原理图），同一

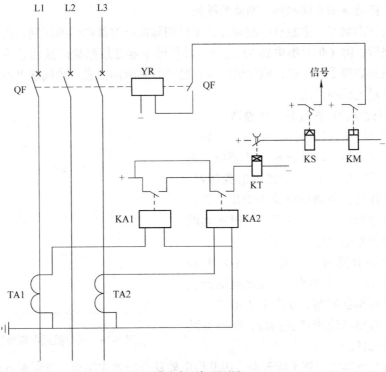

a) 集中表示法（原理图）

图 7-18 定时限过电流保护装置

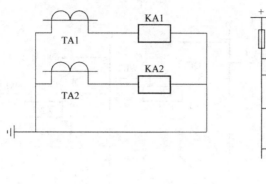
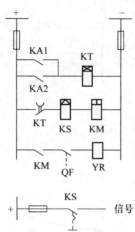

b) 分开表示法 (展开图)

图 7-18 定时限过电流保护装置（续）

台设备的线圈和触点画在一起；图 7-18b 为分开表示法（也称为展开图），同一台设备的线圈和触点画在不同的功能单元中，下面简单介绍该装置的工作原理。

系统正常工作时，过电流继电器 KA1 和 KA2 中都有电流流过，但是没有达到整定值，电流继电器 KA1 和 KA2 不动作，断路器 QF 保持闭合状态。当发生短路时，短路电流超过电流继电器整定值，继电器动作，KA1 和 KA2 只要有一个动作就会接通时间继电器 KT 线圈回路，经过设定的延时后，时间继电器 KT 的触点闭合，接通信号继电器 KS 和中间继电器 KM 线圈回路，信号继电器触点闭合，接通信号回路，发出声光报警信号，中间继电器触点闭合，接通断路器跳闸线圈回路，断路器跳闸。

断路器的辅助触点与主触点一起断开，用以切除断路器跳闸线圈回路，防止跳闸线圈长时间通电而烧毁。除了信号继电器 KS 之外，其他继电器在短路故障被切除后，均能自动复位，信号继电器需要手动复位，确保值班人员已经收到跳闸信息。中间继电器用以提供大容量触点，驱动跳闸线圈回路。

5. 反时限过电流保护装置工作原理

图 7-19 为反时限过电流保护装置，又称为去分流支路跳闸电路。KA1 和 KA2 为感应式电流继电器，YCT1 和 YCT2 为断路器的脱扣器，当系统正常工作时，电流继电器不动作，脱扣器被电流继电器的动合触点断开，同时被动断触点短接，脱扣器中没有电流通过。

当发生短路故障时，电流继电器 KA1 和 KA2 动作（或其中一个动作），继电器动合触点闭合，接通脱扣器回路，动断触点断开，去掉短接支路，短路电流流经脱扣器，断路器跳闸，切除故障元件。

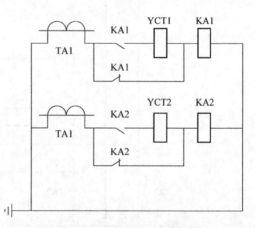

图 7-19 反时限过电流保护装置

由于电流互感器二次侧不能开路，因此继电器动合触点先闭合，动断触点后断开。设置继电器动合触点的目的是，防止系统正常工作时，由于振动等原因，导致继电器动断触点瞬间断开产生保护误动作，提高保护的可靠性。

7.2.3 带时限电流速断保护

带时限电流速断保护（也称为限时电流速断保护）的速动性和灵敏性介于无时限电流速断保护和定时限过电流保护之间，其有固定的动作时限，可以保护线路全长。

1. 动作时间整定

带时限电流速断保护的动作时间固定为一个时限 Δt，一般取 $\Delta t = 0.5\mathrm{s}$。

2. 动作电流整定

以图 7-14 所示系统为例，说明带时限电流速断保护动作电流整定方法。上级线路 WL1 保护 1 上设置了无时限电流速断保护和带时限电流速断保护，下级线路的保护 2 上也设置了这两种保护。

保护 1 的带时限电流速断保护动作电流较小，可以延伸到下级线路，所以其可以保护 WL1 线路全长。当其保护范围与下级线路保护 2 的无时限电流速断保护重合时，由于保护 2 的无时限电流速断保护动作快，所以该范围内发生的故障由保护 2 驱动断路器 QF2 跳闸切除，能够保证选择性。但是由于 WL2 的死区部分，由保护 2 的带时限电流速断保护来保护，保护 1 和保护 2 的带时限电流速断保护动作时间相等，因此存在竞争跳闸的问题，所以保护 1 的带时限电流速断保护的保护范围不能延伸到保护 2 的保护死区内。

因此，带时限电流速断保护的动作电流整定原则为：上级带时限电流速断保护的动作电流应躲过下级无时限电流速断保护的动作电流，即

$$I_{\mathrm{op.限.1}} = K_{\mathrm{co}} I_{\mathrm{op.速.2}} \tag{7-16}$$

式中，$I_{\mathrm{op.限.1}}$ 表示上级保护 1 带时限电流速断保护的一次动作电流；$I_{\mathrm{op.速.2}}$ 表示下级保护 2 无时限电流速断保护一次动作电流；K_{co} 表示上、下级保护配合系数，一般取 1.1~1.2。

保护 1 带时限电流速断保护继电器动作电流为

$$I_{\mathrm{op.R.限.1}} = K_{\mathrm{co}} \frac{K_{\omega}}{K_{\mathrm{i}}} I_{\mathrm{op.速.2}} \tag{7-17}$$

3. 灵敏度校验

当带时限电流速断保护作为主保护时，灵敏系数按照保护安装处最小短路电流计算，要求不小于 1.5。

当作为无时限电流速断保护的近后备保护时，其灵敏系数按照式（7-18）校验：

$$K_{\mathrm{S}} = \frac{I_{\min}}{I_{\mathrm{op.限}}} \tag{7-18}$$

式中，K_{S} 表示灵敏系数；$I_{\min}$ 表示线路末端最小短路电流；$I_{\mathrm{op.限}}$ 表示带时限电流速断保护一次动作电流。要求灵敏系数不小于 1.3。

无时限电流速断保护、带时限电流速断保护和定时限（反时限）过电流保护分别称为电流Ⅰ段、Ⅱ段和Ⅲ段保护。三段保护组合应用，以兼顾保护四项基本要求，提高保护整体性能。一般情况下Ⅰ段保护和Ⅲ段保护必须设置，在无时限电流速断保护范围内，Ⅰ段作为主保护，Ⅲ段作为后备保护，在保护死区内，Ⅲ段保护作为主保护。

例 7-1 系统如图 7-20 所示，线路 WL1 上设置无时限电流速断保护和定时限过电流保护，线路 WL1 上通过的最大负荷电流为 670A，采用两相二继电器接线，电流互感器 TA1 的

电流比为750/5A，线路WL2的定时限过电流保护的动作时间为0.7s，$I_{k3.\,max.\,A} = 11.5\mathrm{kA}$，$I_{k2.\,min.\,A} = 9.2\mathrm{kA}$，$I_{k3.\,max.\,B} = 4\mathrm{kA}$，$I_{k2.\,min.\,B} = 3.2\mathrm{kA}$，$I_{k3.\,max.\,C} = 2.5\mathrm{kA}$，$I_{k2.\,min.\,C} = 2\mathrm{kA}$。试整定线路WL1的无时限电流速断保护和定时限过电流保护。

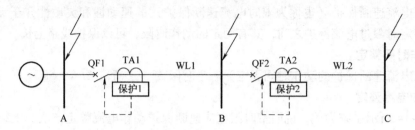

图7-20 例7-1图

解：(1) 整定线路WL1的无时限电流速断保护

1）动作时间：$\Delta t = 0$

2）动作电流：

$$I_{op.\,速.\,1} = K_{rel}I_{k3.\,max.\,B} = 1.2 \times 4\mathrm{kA} = 4.8\mathrm{kA}$$

$$I_{op.\,R.\,速.\,1} = \frac{K_\omega}{K_i}I_{op.\,速.\,1} = \frac{1}{750/5} \times 4.8\mathrm{A} = 32\mathrm{A}$$

3）灵敏度校验：

$$K_{S.\,速} = \frac{I_{k.\,min.\,A}}{I_{op.\,速.\,1}} = \frac{9.2}{4.8} = 1.92 > 1.5$$

灵敏系数满足要求。

(2) 整定线路WL1的定时限过电流保护

1）动作时间：$t_1 = t_2 + \Delta t = (0.7 + 0.5)\mathrm{s} = 1.2\mathrm{s}$

2）动作电流：

$$I_{op.\,1} = K_{rel}\frac{I_{OL.\,WL1}}{K_{re}} = \frac{1.2 \times 670}{0.85}\mathrm{A} = 0.9459\mathrm{kA}$$

线路WL1过电流保护继电器动作电流为：

$$I_{op.\,R.\,1} = \frac{K_\omega}{K_i}I_{op.\,1} = \frac{1}{750/5} \times 0.9459\mathrm{A} = 6.3\mathrm{A}$$

继电器动作电流整定为7A。

3）灵敏度校验：

过电流保护一次动作电流为

$$I_{op.\,1} = \frac{K_i}{K_\omega}I_{op.\,R.\,1} = \frac{750/5}{1} \times 7\mathrm{A} = 1.05\mathrm{kA}$$

灵敏系数：

$$K_S = \frac{I_{k2.\,min.\,末}}{I_{op.\,1}} = \frac{3.2}{1.05} = 3.04 > 1.5$$

灵敏系数满足要求。

定时限（反时限）过电流保护作为WL2线路的后备保护时，灵敏系数为：

$$K_S = \frac{I_{k2.\min.下.末}}{I_{op.1}} = \frac{2}{1.05} = 1.9 > 1.2$$

灵敏系数满足要求。

7.2.4 过负荷保护

过负荷使线路温度过高,影响线路使用寿命,对于经常出现过负荷的线路需要装设过负荷保护装置。图 7-21 为过负荷保护装置电路原理图。

过负荷保护一般动作延时于信号,由于过负荷运行时,三相电流平衡,因此只需装设一台电流互感器,检测一相电流,接线系数为1。当线路发生过负荷时,过电流继电器 KA 动作,接通时间继电器 KT 线圈回路,经过设定的延迟后,动作时间一般设定为 10~15s,时间继电器触点闭合,接通信号继电器 KS 线圈回路,信号继电器触点闭合,接通信号回路,给出声光报警信号。

过负荷保护的动作电流按照躲过线路的计算电流 I_{30} 来整定,即

$$I_{op.R.(OL)} = \frac{1.2 \sim 1.3}{K_i} I_{30} \tag{7-19}$$

式中,$I_{op.R.(OL)}$ 表示过负荷保护继电器动作电流;K_i 表示电流互感器电流比。

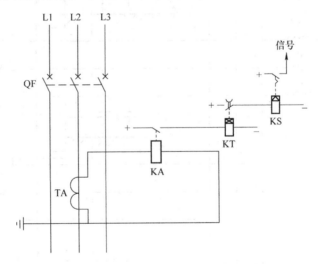

图 7-21 过负荷保护装置电路原理图

7.2.5 单相接地保护

小接地系统发生单相接地故障时,接地电流较小,非故障相的对地电压,由相电压升高到线电压,虽然三相线电压不变,系统仍然可以持续运行一段时间,但由于对地电压升高,绝缘易于损坏,为避免发展为相间短路,扩大故障,必须装设单相接地保护,发出报警信号,以便值班人员及时发现和处理。单相接地保护有两种方法,一种是无选择性的对地绝缘监测,另一种是有选择性的零序电流保护。

1. 对地绝缘监测

对地绝缘监测装置装设在变配电所母线上,采用第 4 章图 4-10d 所示接线方式,利用电

压互感器监测系统中出现的三倍零序电压，正常运行时，三相电压对称，零序电压为零，过电压继电器 KV 不动作。当其中一相线路发生单相接地故障时，开口三角形绕组输出 100V 的零序电压，电压继电器动作，发出报警信号。

对地绝缘监测能够提示发生单相接地故障，但是无法判断单相接地发生在哪回线路上，不具备选择性。在出线回路不多时，可采用依次断开每一回线路的方法来寻找故障线路，如果断开某一回线路时，接地故障信号消失，则说明该线路发生了单相接地故障。

2. 零序电流保护

零序电流保护是利用零序电流过滤器或互感器检测三相零序电流的保护方法，能够判断发生单相接地故障的线路，具有选择性。图 7-22 是具有三回出线的系统单相接地电容电流分析。

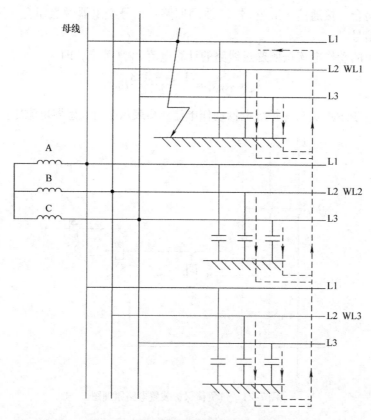

图 7-22 多线路单相接地电容电流分析

母线上引出三路出线，分别是 WL1、WL2 和 WL3，WL1 上 L1 相发生单相接地故障，则 WL1 称为接地线路，WL2 和 WL3 称为非接地线路，L1 称为接地相，L2 和 L3 称为非接地相。所有线路的非接地相都有电容电流流入大地，然后通过接地点经过接地线路的接地相流回电源，非接地线路的接地相没有电流。非接地线路三相电流之和为单回线路单独作用时的接地电流，接地线路的三相电流之和为非接地线路的接地电流之和（所有线路的接地电流减去接地线路的接地电流）。在每回线路上都装设零序电流过滤器或互感器，检测每回线路的零序电流，虽然非接地线路上会出现不平衡电容电流，但是由于其是正常线路，单相接地保护装置不应动作，因此，零序电流保护的动作电流应躲过其他线路发生单相接地故障时，

在本线路上引起的单相接地电容电流 I_C，即

$$I_{op.R.(E)} = \frac{K_{rel}}{K_i} I_C \quad (7-20)$$

式中，$I_{op.R.(E)}$ 表示零序电流保护继电器动作电流；K_{rel} 表示可靠系数，保护装置带时限，取 1.5~2，保护装置不带时限，取 4~5；I_C 表示本线路的接地电容电流；K_i 表示电流互感器电流比。

7.3 电力变压器的继电保护

7.3.1 概述

电力变压器是供配电系统中的重要设备，其运行状态会影响系统的安全和可靠运行。电力变压器的故障包括油箱内故障和油箱外故障，油箱内故障有绕组相间短路、绕组匝间短路、绕组接地短路（单相碰壳）和铁心烧损，油箱内故障非常危险，因为短路产生的电弧会使油箱内的油分解产生大量气体，引起变压器油箱爆炸。油箱外故障主要是绝缘套管和引出线上的相间短路和接地短路。变压器的不正常运行包括，过负荷，外部短路引起的过电流、油面降低和温度升高。

电力变压器常用的保护有电流三段保护、零序电流保护、过负荷保护、差动保护和气体保护，应根据电力变压器的容量和实际应用场合配置保护。

7.3.2 电力变压器的过电流保护、电流速断保护和过负荷保护

电力变压器的过电流保护、电流速断保护和过负荷保护，与线路保护在装置组成、工作原理和参数整定方面基本相似，图 7-23 为定时限过电流、无时限电流速断和过负荷保护的综合电路。

1. 定（反）时限过电流保护

（1）动作电流整定　保护装置装设在电力变压器一次侧，动作电流整定原则为：躲过电力变压器一次侧可能出现的最大过负荷电流。

最大过负荷电流为

$$I_{OL} = K_{OL} I_{rl.T} \quad (7-21)$$

式中，I_{OL} 表示最大过负荷电流；K_{OL} 表示过负荷系数，一般取 2~3，无电动机自起动时，取 1.3~1.5；$I_{rl.T}$ 为变压器一次侧额定电流。

（2）动作时间整定　按照阶梯原则整定动作时间以保证选择性。对于车间变电所，由于其属于电力系统的终端变电所，因此动作时间整定为最小值 0.5s。

（3）灵敏度校验　按照变压器低压侧母线在系统最小运行方式下，发生两相短路时折算到一次侧的短路电流来校验，要求灵敏系数不小于 1.5，作为后备保护时不小于 1.2。

2. 无时限电流速断保护

（1）动作电流整定　保护装置装设在电力变压器一次侧，动作电流整定原则为：躲过电力变压器二次侧最大三相短路电流，即变压器低压母线在系统最大运行方式下，发生三相短路时折算到一次侧的短路电流。

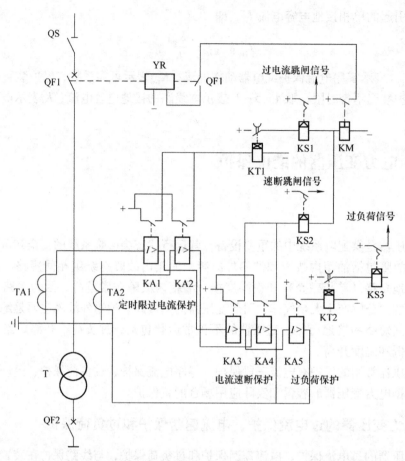

图 7-23 定时限过电流、无时限电流速断和过负荷保护的综合电路

（2）灵敏度校验 按照变压器一次侧最小两相短路电流来校验保护灵敏度，要求灵敏系数不小于2。

3. 带时限电流速断保护

配电变压器的定时限过电流保护的动作时间不超过1s，一般情况下为0.5s，与带时限电流速断保护时间一样，而定时限过电流保护的灵敏性高于带时限电流速断保护，因此一般不设置带时限电流速断保护。

4. 过负荷保护

电力变压器过负荷保护的参数整定与线路基本相同，按照躲过变压器一次侧额定电流来整定动作电流。

只有在变压器可能出现过负荷情况下才需装设过负荷保护，例如，变压器并列运行，或变压器作为其他负荷的备用电源等。

7.3.3 变压器低压侧单相短路的零序电流保护

对于 Yyn 联结组别的变压器，当过电流保护作为变压器低压侧单相短路保护不满足灵敏系数要求时，应在变压器二次侧中性线上装设零序过电流保护，保护装置接线如图7-24所示。

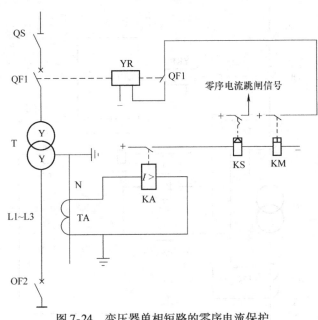

图 7-24 变压器单相短路的零序电流保护

1. 动作电流

按照躲过中性线上最大不平衡电流整定零序电流保护的动作电流,最大不平衡电流为 0.25 倍变压器二次侧额定电流,即 $0.25I_{t2.T}$。

2. 灵敏度校验

按照低压侧母线最小运行方式下的单相短路电流校验保护灵敏度,要求灵敏系数不小于 1.5。

7.3.4 变压器的差动保护

变压器的差动保护分为纵联差动保护和横联差动保护,纵联差动保护用于单回路,横联差动保护用于双回路。变压器的差动保护用于变压器油箱内及引出线的相间短路保护。

10000kV·A 以上单独运行的变压器和 6300kV·A 以上的并列运行变压器应装设纵联差动保护。6300kV·A 以下单独运行的重要变压器也可以装设纵联差动保护。当电流速断保护灵敏度不满足要求时,也可装设纵联差动保护。

纵联差动保护通过检测被保护对象首尾两端的电流,将电流差作为电流继电器的输入信号,具有很高的灵敏性、快速性和选择性。图 7-25 是变压器纵联差动保护的原理接线图。

两台电流互感器分别检测变压器一次侧和二次侧电流,通过分别选择两台电流互感器的电流比(配合变压器电压比),使两台互感器输出电流相等。当系统正常运行或保护范围外发生相间短路时,输入电流继电器的电流为零(理想情况下为零,实际有一个不平衡电流),电流继电器不动作,当变压器发生相间短路时,变压器一次侧通过短路电流,二次侧电流为零,流入电流继电器的是很大的短路电流,超过电流继电器动作电流,继电器动作驱动断路器跳闸,并发出跳闸信号。

产生不平衡电流的原因有很多,例如,变压器一次侧和二次侧电流相位不等,互感器电流比与实际计算值不等。应采取措施减小不平衡电流。

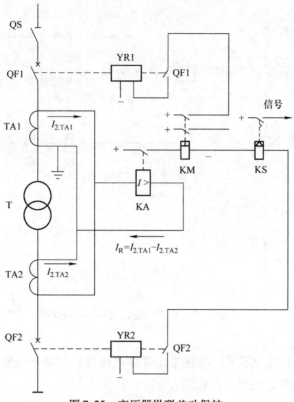

图 7-25 变压器纵联差动保护

7.3.5 变压器的气体保护

气体保护旧称为瓦斯保护,用于保护变压器内部故障,气体保护的主要设备是气体继电器,其安装在油箱和储油柜的连接管道上。图 7-26 是气体保护的原理接线图,气体继电器有

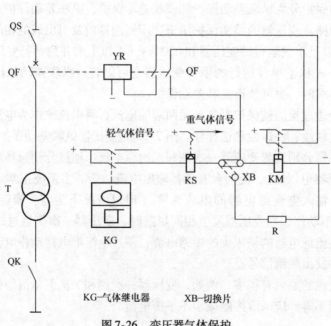

KG—气体继电器   XB—切换片

图 7-26 变压器气体保护

两个触点，轻气体触点和重气体触点。当油箱内发生轻微故障或油面降低时，轻气体触点闭合，动作于信号；当发生严重故障时，重气体触点闭合，动作于跳闸。

800kV·A 及以上的一般场所的油浸式变压器和 400kV·A 及以上的车间内油浸式变压器均应装设气体保护。

思考题与习题

7-1 简述继电保护在系统运行和设计中的作用。

7-2 简述继电保护的四项基本要求。

7-3 写出电流继电器、时间继电器、信号继电器和中间继电器的文字符号。

7-4 分析两相电流差接线方式中，各种故障情况下的接线系数，给出详细的计算步骤。

7-5 简述无时限电流速断保护的相对死区与绝对死区的区别，以及各自的范围。

7-6 比较无时限电流速断保护、定时限过电流保护和带时限电流速断保护的灵敏性和速动性。

7-7 解释反时限过电流保护的动作时间特性优于定时限过电流保护的原因。

7-8 带时限电流速断保护能保护的范围有哪些？

7-9 电流速断保护回路与定时限过电流保护回路相比，去掉了哪个设备？

7-10 反时限过电流保护采用哪种电流继电器？

7-11 保护装置未能感知故障发生，说明保护装置不符合哪项要求？

7-12 简述"去分流支路跳闸"操作方式的工作原理。

第 8 章 供配电系统的二次回路

供配电系统由一次系统和二次系统组成,前面章节已经对一次系统做了详细的介绍和讲解。本章介绍二次回路的相关知识,包括二次回路的操作电源、断路器控制和信号回路、测量和监视装置、自动重合闸装置和备用电源自动投入装置、以及二次回路工程图等。

8.1 二次回路概述

1. 二次回路概念

二次回路是指对一次系统的运行进行控制、指示、监测和保护的电路,也称为二次电路或二次系统,二次回路中的电气设备称为二次设备,例如,控制按钮、继电器和仪表等。二次回路是一次系统的辅助电路,它对一次系统的安全、可靠、优质和经济运行起着重要作用。

2. 二次回路分类

二次回路按照电源性质分为直流回路和交流回路,交流回路又分为交流电流回路和交流电压回路。

二次回路按照用途分为断路器控制回路,信号回路,继电保护回路,测量回路、监视回路和自动装置回路。

8.2 操作电源

操作电源是给断路器合闸和跳闸回路、继电保护回路、信号回路和自动装置等二次回路供电的电源。操作电源分为直流操作电源和交流操作电源。

8.2.1 直流操作电源

直流操作电源常用的有,采用蓄电池组供电的直流操作电源和带有储能电容的硅整流直流操作电源。

1. 采用蓄电池组供电的直流操作电源

蓄电池分为铅酸蓄电池和镍镉蓄电池。由多个蓄电池串联构成电池组实现供电电压等级。采用蓄电池组供电不受供配电系统运行的影响,供电可靠性高。

铅酸蓄电池在充电时会排出氢和氧的混合气体,有爆炸危险,并且排出的气体中带有硫酸蒸气,具体强腐蚀性,影响人体健康和设备安全,需要装设在专用的房间内,并且需要考虑防腐和防爆要求,占地面积大,成本高,在用户供配电系统中一般不采用。

镍镉蓄电池放电性能好,机械强度高,使用寿命长,不具有腐蚀性,无需专用房间,投资少,在用户供配电系统中使用较为广泛。

2. 带储能电容的硅整流直流操作电源

整流装置从供配电系统获取交流电能,并将其转换为直流电能作为二次回路直流供电电源。当交流系统电压降低或消失时,直流电源受到影响无法正常供电,为了保证交流系统故障时,继电保护和断路器跳闸回路可靠动作,切除故障,采用了带储能电容的整流装置。图8-1是带储能电容的硅整流直流操作电源系统接线图。

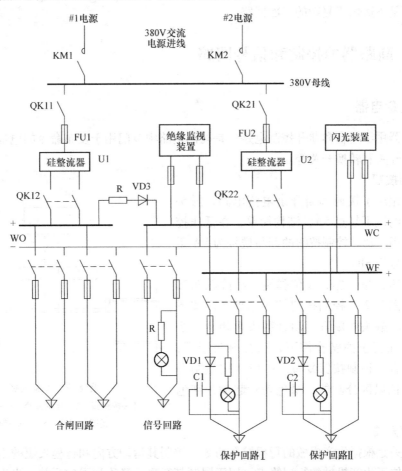

图 8-1　带储能电容的硅整流直流操作电源

为了提高供电可靠性,采用了两路电源进线和两台硅整流器。硅整流器 U1 容量较大,可以给断路器合闸回路、控制回路、信号回路和保护回路供电。硅整流器 U2 容量较小，仅向控制、保护和信号回路供电。当交流系统正常运行时，由整流装置提供直流操作电源，并给储能电容器 C1 和 C2 充电，当交流供电系统发生故障时，由储能电容放电，提供继电保护和断路器跳闸回路正常工作所需电能。逆止元件 VD1 和 VD2 的作用是使储能电容仅向自身所保护回路供电，防止供电容量不足，影响保护装置和跳闸回路正常工作。储能电容 C1 用于对高压断路器的继电保护和跳闸回路供电，储能电容 C2 用于对其他元件的继电保护和跳闸回路供电。逆止元件 VD3 接在控制小母线 WC 和合闸小母线 WO 之间，使得合闸小母线可以向控制小母线供电，防止反向供电，引起供电容量不足。限流电阻 R 用于限制控制回路短路时通过逆止元件 VD3 的电流，防止其被烧毁。

8.2.2　交流操作电源

　　交流操作电源分为电流源和电压源两种。电流源取自电流互感器，主要给继电保护和跳闸回路供电。电压源取自所用变压器或电压互感器，所用变压器是变配电所设置的专门用于供电的变压器。使用交流操作电源，可以简化二次回路结构，节约投资成本，可靠性高，便于维护，但是不适用于复杂的二次回路。

8.3　断路器的控制和信号回路

8.3.1　主令电器

　　主令电器用于闭合和断开控制电路，是控制电路中专门用于发布命令的电器，包括控制按钮、行程开关和转换开关等。

1. 控制按钮

　　控制按钮用于接通和断开小电流电路，触头允许通过的电流不超过 5A，结构简单，在低压控制电路中应用广泛。控制按钮的产品型号为 LA 系列，文字符号为 SB。

　　控制按钮由按钮帽、复位弹簧、动静触头和外壳组成，图 8-2 为控制按钮结构原理图。按下按钮帽，动断触头先断开，动合触头再闭合，松开按钮帽，在复位弹簧作用下，动合触头断开，动断触头闭合，控制按钮复位。一般在按钮帽上涂上不同颜色以区分功能，绿色表示起动，红色表示停止。

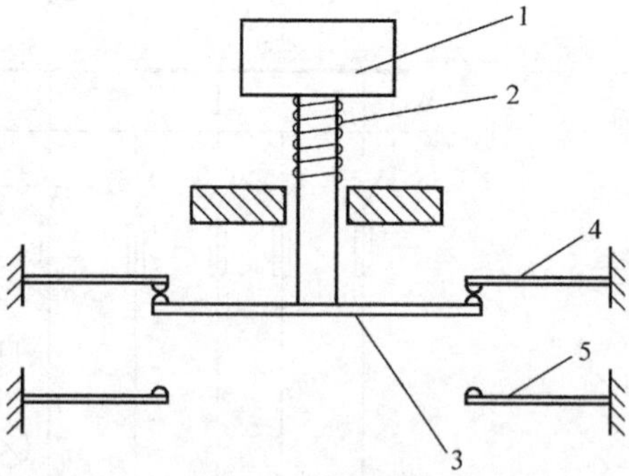

图 8-2　控制按钮
1—按钮帽　2—复位弹簧　3—动触头
4—动断静触头　5—动合静触头

2. 行程开关

　　行程开关是根据生产机械的行程发布命令，控制其运动方向和行程长短的主令电器。如果行程开关位于生产机械的行程终点，用于限制其行程，又称为限位开关。当生产机械运动到预定位置，与行程开关相撞时，行程开关便会发出控制命令。

　　图 8-3 是直动式行程开关的外形图和结构原理图。其动作原理与控制按钮相似。行程开

关的产品型号包括 LX19 和 JLXK1 等系列，文字符号为 SQ。

3. 转换开关

转换开关又称为万能转换开关、控制开关，是一种用于控制多回路的主令电器，其由多组结构相同的开关元件叠装而成，包括凸轮机构（手柄）、触头系统和定位装置 3 部分，图 8-4 是一种转换开关的外形图。

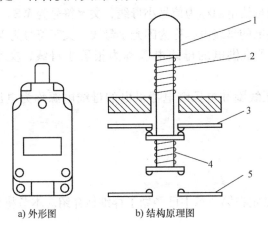

图 8-3 直动式行程开关的外形图和结构原理图　　　　　图 8-4 转换开关外形图
1—顶杆　2—弹簧　3—动断触点　4—触点弹簧　5—动合触点

当转换开关手柄转到某一位置时，对应的触点闭合。转换开关操作手柄位置与触点状态关系有两种表示方法，分别如图 8-5a 和图 8-5b 所示。图 8-5a 用图形表示两者关系，图中，虚线表示操作手柄位置，共有 9 对触点，触点下面的黑点表示操作手柄位于虚线位置时，该触点闭合，例如，当操作手柄位于最左侧虚线"1"位置时，触点 1、3、5 闭合，其他触点处于断开状态。图 8-5b 用表格表示两者关系，"X"表示触点闭合，无"X"表示触点断开。

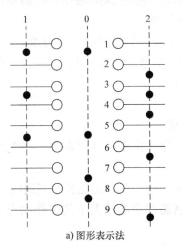

触点号	手柄位置		
	1	0	2
1	×	×	
2			×
3	×		×
4			×
5	×	×	
6			×
7		×	
8		×	
9			×

a) 图形表示法　　　　　　　　b) 表格表示法

图 8-5 转换开关操作手柄位置与触点状态关系

转换开关文字符号为 SA，产品型号为 LW 系列。

8.3.2 二次小母线

二次小母线是给二次回路供电的母线电源，按照功能，二次小母线分为以下几种：

1）控制小母线：向控制回路供电的母线电源称为控制小母线，文字符号为 WC。
2）合闸小母线：向断路器合闸回路供电的母线电源称为合闸小母线，文字符号为 WO。
3）信号小母线：向信号回路供电的母线电源称为信号小母线，文字符号为 WS。
4）闪光小母线：向闪光信号回路供电的母线电源称为闪光小母线，文字符号为 WF。
5）报警小母线：向事故音响报警回路供电的母线电源称为报警小母线，文字符号为 WAS。
6）电压小母线：向测量仪表的电压线圈和电压继电器供电的母线电源称为电压小母线，文字符号为 WV。

8.3.3 控制和信号回路概述

1. 二次回路简介

继电保护回路的组成、原理和参数整定在第 7 章中已经做了详细地介绍。本节将介绍断路器控制和信号回路。

断路器控制回路是用于控制断路器分、合闸的二次回路，其结构取决于操动机构的类型，常用的有手动操动机构、电磁操动机构和弹簧操动机构。

信号回路用于指示一次系统的运行状态，信号按照性质分为断路器位置信号、事故信号和预告信号。

断路器位置信号用于指示断路器正常工作时的位置状态，通常用红灯亮表示断路器处于合闸状态，绿灯亮表示断路器处于分闸状态。

事故信号用于指示断路器事故情况下的工作状态，红灯闪光表示断路器自动合闸，绿灯闪光表示断路器自动跳闸，例如，发生短路故障时，继电保护动作，断路器跳闸，绿灯闪光。事故信号还有事故音响信号（电笛声）和光字牌。

预告信号是在一次系统发生不正常运行状态时发出的报警信号，例如，发生过负荷、或油浸式变压器的轻气体动作等，就会发出预告音响信号（电铃声），同时光字牌亮，指示故障性质和故障发生的地点，以便值班人员及时处理。

2. 断路器控制和信号回路要求

对断路器控制和信号回路有以下几方面的要求：

1）能够监视断路器分、合闸回路以及控制回路保护设备（熔断器）的完好性，以保证断路器能够正常工作，一般用灯光进行监视。
2）分、合闸操作完成后，应能切断分、合闸回路电源，避免长时间通电，烧毁线圈。
3）应能正确指示断路器正常工作时的位置状态和事故情况下的工作状态，各种状态信号应有明显区别。
4）断路器的事故跳闸回路应按照不对应原理接线。当采用手动操动机构时，利用手动操动机构的辅助触点和断路器的辅助触点构成不对应关系，即当手动操动机构手柄位于合闸位置而断路器已跳闸时，发出事故跳闸信号。当采用电磁操动机构或弹簧操动机构时，利用控制开关的触点和断路器的辅助触点构成不对应关系，即当控制开关手柄位于合闸位置而断路器已跳闸时，发出事故跳闸信号。

5）对有可能出现不正常运行状态或故障状态的设备，应装设预告信号，并能使值班室或控制室的中央信号装置发出灯光和音响信号，同时指示故障的地点和性质。

8.3.4 采用手动操动的断路器控制和信号回路

图 8-6 是采用手动操动的断路器控制和信号回路原理图。下面分析断路器合闸、分闸和自动跳闸三个过程。

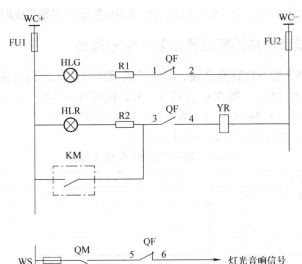

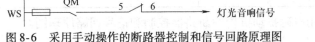

图 8-6 采用手动操作的断路器控制和信号回路原理图

WC—控制小母线　　WS—信号小母线　　HLG—绿色指示灯　　HLR—红色指示灯　　R—限流电阻
QM—手动操动机构辅助触头　　QF 1-6—断路器 QF 辅助触头

1. 合闸过程

合闸时，推上操动手柄，使断路器合闸，断路器辅助触点 QF 3-4 闭合，红色指示灯 HLR 亮，虽然有电流流过断路器跳闸线圈，但是由于限流电阻 R2 的作用，电流很小，断路器不会跳闸。红色指示灯亮还表明，断路器跳闸回路和控制回路的保护设备（熔断器）是完好的。因此，红色指示灯 HLR 除了能够指示断路器处于合闸状态，还起到监视跳闸回路和控制回路保护设备完好性的作用。

2. 分闸过程

分闸时，扳下操动机构手柄使断路器分闸。断路器辅助触点 QF 3-4 断开，切断跳闸线圈回路，红色指示灯 HLR 灭。断路器辅助触点 QF 1-2 闭合，绿色指示灯 HLG 亮，指示断路器处于分闸状态，同时表示控制回路熔断器是完好的。因此，绿色指示灯 HLG 除了能够指示断路器处于分闸状态，还起到监视控制回路保护设备完好性的作用。

3. 自动跳闸过程

当一次系统发生短路故障时，继电保护装置动作，出口继电器触点 KM 闭合，接通跳闸线圈回路（断路器辅助触点 QF 3-4 已经闭合），跳闸线圈通过短路电流，断路器跳闸，断路器辅助触点 QF 3-4 断开，断开跳闸回路，红色指示灯 HLR 灭，断路器辅助触点 QF 1-2 闭合，绿色指示灯 HLG 亮。这时，操动机构的手柄虽然在合闸位置，但是其黄色指示牌掉下，表示断路器已自动跳闸。

4. 事故信号回路

当断路器正常工作时，手动操动机构的辅助触点 QM 和断路器的辅助触点 QF 5-6 同时切换，总有一个触点处于断开状态，事故信号回路无法接通，不会误发出灯光和音响信号。

当断路器自动跳闸后，操动机构手柄仍处于合闸位置，其辅助触点 QM 闭合，而断路器辅助触点 QF 5-6 返回闭合，接通事故信号回路，发出灯光和音响信号。值班人员收到事故信号后，可将操作手柄扳到分闸位置，黄色指示牌返回，操作手柄辅助触点 QM 断开，事故灯光和音响信号解除。

控制回路的限流电阻具有，防止指示灯底座短路造成控制回路短路或断路器误跳闸的作用。

8.3.5 采用电磁操动机构的断路器控制和信号回路

控制开关采用 LW5 型万能转换开关，其是一种双向自复式并具有保持触头的控制开关。手柄正常时为垂直位置（0°），瞬时针扳转 45°为合闸操作（ON），松开后自动返回（0度位置），保持合闸状态；逆时针扳转 45°为分闸操作（OFF），松开后自动返回（0度位置），保持分闸状态。表 8-1 为控制开关 SA 的触头图表。

表 8-1 控制开关 SA 的触头图表

	SA 触头编号		1-2	3-4	5-6	7-8	9-10
手柄位置	合闸操作	↗	×	—	×	—	—
	合闸后	↑	—	—	×	—	×
	分闸操作	↖	—	×	—	×	—
	分闸后	↑	—	×	—	—	—

图 8-7 是采用电磁操动机构的断路器控制和信号回路原理图。

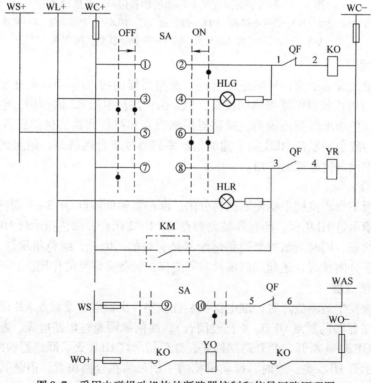

图 8-7 采用电磁操动机构的断路器控制和信号回路原理图
KO—合闸接触器 YO—电磁合闸线圈 YR—跳闸线圈

1. 合闸过程

合闸时，将控制开关手柄顺时针扳转45°，触点 SA 1-2 闭合，接通合闸接触器 KO 线圈回路（QF 1-2 原已闭合），接触器触点 KO 闭合，接通电磁合闸线圈 YO 回路，断路器合闸。合闸后，控制开关手柄自动返回，触点 SA 1-2 断开，断路器辅助触点 QF 1-2 也断开，切断合闸回路。同时，断路器辅助触点 QF 3-4 闭合，红色指示灯 HLR 亮，表示断路器处于合闸状态，并能够监视跳闸线圈 YR 回路的完好性。

2. 分闸过程

分闸时，将控制开关手柄逆时针扳转45°，触点 SA 7-8 闭合，接通跳闸线圈 YR 回路（QF 3-4 原已闭合），断路器分闸。分闸后，控制开关手柄自动返回，触点 SA 7-8 断开，断路器辅助触点 QF 3-4 也断开，切断跳闸回路。同时，控制开关触点 SA 3-4 闭合，绿色指示灯 HLG 亮，表示断路器处于分闸状态，并能够监视合闸回路的完好性。

3. 自动跳闸过程

当一次系统发生短路故障时，继电保护装置动作，出口继电器触点 KM 闭合，接通跳闸线圈回路（断路器辅助触点 QF 3-4 已经闭合），跳闸线圈通过短路电流，断路器跳闸，断路器辅助触点 QF 3-4 断开，断开跳闸回路，红色指示灯 HLR 灭，断路器辅助触点 QF 1-2 闭合，控制开关处于合闸后位置，触点 SA 5-6 闭合，绿色指示灯 HLG 接到闪光小母线上，发出绿色闪光信号，表示断路器自动跳闸。

4. 事故信号回路

断路器自动跳闸后，辅助触点 QF 5-6 返回闭合，控制开关处于合闸后位置，触点 SA 9-10 闭合，接通事故信号回路，发出事故灯光和音响信号。值班人员收到信号后，可将控制开关逆时针扳转45°再松开，使触点 SA 9-10 断开，与断路器辅助触点 QF 5-6 恢复不对应关系，事故信号即可解除。

8.3.6 采用弹簧操动机构的断路器控制和信号回路

图 8-8 是采用弹簧操动机构的断路器控制和信号回路原理图，采用 CT7 型弹簧操动机构，LW2 或 LW5 型万能转换开关。

1. 弹簧储能过程

在合闸前，利用电动机拖动弹簧储能，在合闸时，合闸弹簧释放所储能量，使断路器合闸。弹簧释放后，电动机自动拖动弹簧储能，为下次分合闸做好准备。

合闸前，按下控制按钮，使电动机通电（位置开关 SQ3 原已闭合），电动机拖动弹簧储能，当储能结束后，位置开关 SQ3 断开，切断电动机回路，同时位置开关 SQ1 和 SQ2 闭合，为分合闸做好准备。

2. 合闸过程

合闸时，将控制开关 SA 手柄扳转到合闸（ON）位置，其触点 SA 3-4 闭合，合闸线圈 YO 通电（SQ1、QF 1-2 原已闭合），使弹簧释放，通过传动机构带动断路器合闸。断路器合闸后，其辅助触点 QF 1-2 断开，绿灯灭，并断开合闸回路电源。同时断路器辅助触点 QF 3-4 闭合，红灯亮，指示断路器处于合闸位置，并监视跳闸回路的完好性。

3. 分闸过程

分闸时，将控制开关 SA 手柄扳转到分闸（OFF）位置，其触点 SA 1-2 闭合，跳闸线

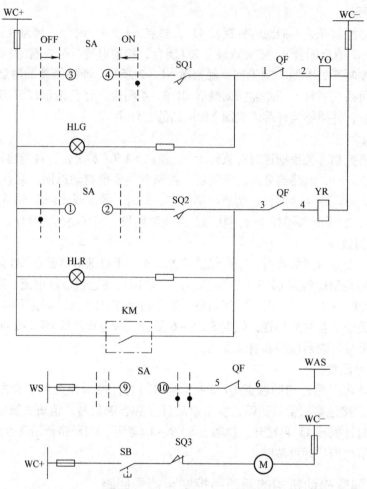

图8-8 采用弹簧操动机构的断路器控制和信号回路原理图
SB—控制按钮 SQ—位置开关 M—储能电动机

圈 YR 通电（SQ2、QF 3-4 原已闭合），断路器分闸。断路器分闸后，其辅助触点 QF 3-4 断开，红灯灭，并断开跳闸回路电源。同时断路器辅助触点 QF 1-2 闭合，绿灯亮，指示断路器处于分闸位置，并监视合闸回路的完好性。

4. 自动跳闸过程

当一次系统发生短路故障时，继电保护装置动作，出口继电器触点 KM 闭合，接通跳闸线圈回路（断路器辅助触点 QF 3-4 已经闭合），断路器跳闸，断路器辅助触点 QF 3-4 断开，断开跳闸回路，红色指示灯 HLR 灭。

5. 事故信号回路

断路器自动跳闸后，辅助触点 QF 5-6 返回闭合，控制开关处于合闸后位置，触点 SA9-10 闭合，接通事故信号回路，发出事故灯光和音响信号。值班人员收到信号后，可将控制开关扳到分闸位置，使触点 SA 9-10 断开，与断路器辅助触点 QF 5-6 恢复不对应关系，事故信号即可解除。

8.4 电测量回路

1. 电测量仪表的准确度等级和配置

电测量仪表可用于测量电压、电流、有功功率、无功功率、有功电能和无功电能等电参量，用于收费计量，并且为监视、系统运行分析等提供数据。

（1）电测量仪表的准确度等级

电测量仪表在不同场合对准确度等级有不同的要求。

1）交流回路指示仪表的准确度等级应不低于 2.5 级，直流回路指示仪表的准确度等级应不低于 1.5 级。

2）1.5 级和 2.5 级的电测量仪表，配用的电压或电流互感器准确度等级不应低于 1.0 级。

3）电测量仪表的量程和互感器的变比需配合选择，使得所测量回路额定运行时，测量仪表指在量程 2/3 处。对有可能出现过负荷的回路，测量仪表需要留出适当的过负荷裕度。对于起动电流较大的电动机或运行中有可能出现短时冲击电流的回路，宜采用具有过负荷标度尺的电流表。对有可能双向运行的回路，应采用具有双向标度尺的仪表。

（2）电测量仪表的配置

1）在电力用户的电源进线上，或供电部门同意的电能计量点，应装设有功电能表和无功电能表，还应装设一只电流表，用于观察负荷电流。

2）变配电所的母线上应装设电压表测量电压，小接地系统的母线上还应装设绝缘监视装置。

3）35～110/6～10kV 的电力变压器应装设电流表、有功功率表、无功功率表、有功电能表和无功电能表各一只。6～10/0.4kV 的电力变压器在高压侧应装设电流表和有功电能表各一只。

4）3～10kV 配电线路应装设电流表、有功电能表和无功电能表各一只。

5）380V 电源进线或变压器低压侧各相应装设一只电流表。

6）低压动力线路上应装设一只电流表。低压照明线路和三相负荷不平衡度大于 15% 的线路应装设三只电流表。用于计量电能时，需装设一只三相四线有功电能表。对于三相负荷平衡的动力线路，可装设一只单相有功电能表，再按照 3 倍关系换算总电能。

7）并联电力电容器的总回路上应装设 3 只电流表和一只无功电能表。

2. 电测量回路示例

1）图 8-9 是 6～10kV 高压线路上装设的电测量仪表接线图。

电流表 PA 流过电流互感器 TA2 二次绕组电流，反映一次系统 C 相电流，有功电能表和无功电能表分别测量三相系统的有功电能和无功电能。

2）图 8-10 是 220/380V 照明线路上电测量仪表接线图。由于照明线路所带负荷一般为单相负荷，三相负荷不平衡，所以用三只电流表分别测量三相电流，并且用三相四线有功电能表测量有功电能。

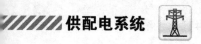

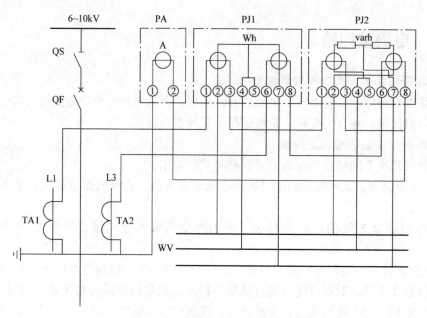

图 8-9 6~10kV 高压线路上装设的电测量仪表接线图
TA—电流互感器 PA—电流表 PJ—三相四线有功电能表

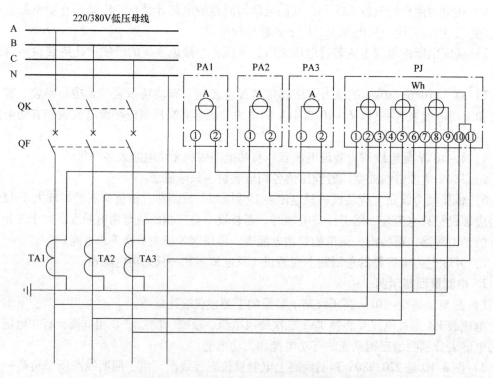

图 8-10 220/380V 低压线路电能计量仪表电路图
TA—电流互感器 PA—电流表 PJ—三相四线有功电能表

8.5 自动重合闸装置和备用电源自动投入装置

为了提高供配电系统供电的可靠性，系统中常采用自动装置进行控制，自动装置包括自动重合闸装置、备用电源自动投入装置、低频减载装置和自动同期装置等，本节介绍自动重合闸装置（ARD）和备用电源自动投入装置（APD）。

8.5.1 自动重合闸装置

1. ARD 装置的作用

运行经验表明，架空线路上的故障一般为暂时性的，例如，雷电闪络或鸟类跨接在导线上造成的短路。当断路器跳闸切除故障后，故障源能够自行消除，例如，雷电过后或鸟类烧死。自动重合闸装置在故障切除后，经过很短时间，能够自动重新合闸送电，提高供电可靠性，减少停电带来的损失。

2. 对 ARD 装置的要求

1) 当值班人员手控或遥控使断路器断开时，ARD 不应动作。
2) 当继电保护动作或其他原因使断路器跳闸时，ARD 应动作。
3) ARD 的动作次数应符合预先的设定，例如，一次重合闸 ARD 应保证只重合闸一次。
4) 优先选用控制开关位置和断路器位置不对应原则来起动重合闸。
5) 自动重合闸动作后，一般应能自动恢复。
6) ARD 应能在重合闸以前或重合闸以后加速继电保护动作。

3. ARD 装置示例

供配电系统一般采用一次重合闸装置，重合闸成功率较高。当出现永久性故障时，重合闸后保护装置再次动作，驱动断路器跳闸切除故障。

图 8-11 是电气一次重合闸装置的展开图。

（1）装置简介　重合闸继电器文字符号为 KAR，图 8-11 的 ARD 采用 DH-2 型重合闸继电器，内含时间继电器 KT，中间继电器 KM，指示灯 HL，电阻 R4~R7 和电容 C。控制开关 SA1 采用 LW2 型万能转换开关，其分、合闸操作各有 3 个位置，分别是预备分、合闸，正在分、合闸和分、合闸后，图中箭头指向表示这种操作顺序的位置。选择开关 SA2 只有分（OFF）、合（ON）两个位置，用来投入和切除 ARD。

（2）工作原理　将选择开关 SA2 手柄扳到合闸（ON）位置，其触头 SA2 1-3 闭合，KAR 投入系统。电容 C 经电阻 R4 充电，指示灯 HL 亮，表示控制小母线 WC 电压正常，同时电容器处于充电状态。

当控制开关 SA1 手柄扳到合闸（ON）位置时，其触头 SA1 21-23 闭合，但是由于断路器 QF 的辅助触点 QF 1-2 断开，KAR 中的时间继电器 KT 回路（启动回路）没有接通。当一次系统发生短路故障使得断路器跳闸时，断路器的辅助触点 QF 1-2 闭合，接通 KAR 的启动回路（SA1 21-23 原已闭合），时间继电器 KT 线圈经过其本身动断触点 KT 1-2 通电，KT 线圈通电后，动断触点 KT 1-2 断开，KT 线圈经过电阻 R5 与电源相连，保持通电状态，电阻 R5 用于限制通过 KT 线圈的电流，由于 KT 线圈不是按照长期接入额定电压而设计的，防止其因过热而烧毁。

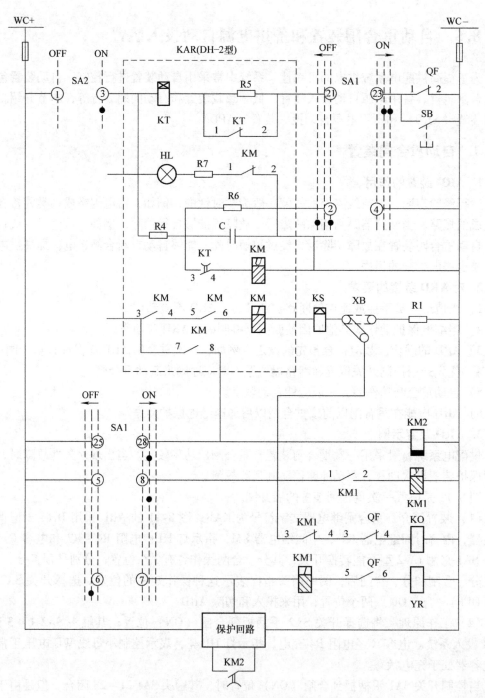

图 8-11 电气一次重合闸装置的展开图
SA1—控制开关 SA2—选择开关
KAR—重合闸继电器（内含 KT、KM、指示灯 HL、R 和 C 等）

经过一定延时后，KT 的延时闭合动合触点 KT 3-4 闭合，电容器向中间继电器 KM 的电压线圈放电，KM 动作，其触点 KM 1-2 断开，指示灯 HL 灭，表示重合闸继电器 KAR 已经动作，其出口回路已接通。同时 KM 的触点 KM 3 - 4 和 KM 5 - 6 闭合，接通合闸接触器 KO 回路（KM1 3 - 4 和 QF 3 - 4 原已闭合），使断路器自动重合闸。

断路器重合闸成功后所有继电器自动返回，电容器 C 恢复充电。要使 ARD 退出系统，只需将选择开关 SA2 扳到分闸（OFF）位置，同时将连接片 XB 断开。

8.5.2 备用电源自动投入装置

1. APD 装置的作用

为了提高供电可靠性，一般采用两路电源进线或设置自备电源，在企业的车间变电所低压侧还设置低压联络线与其他车间变电所相连。两路电源进线可以采用一用一备工作方式，也可以采用互为备用方式，当工作电源事故停电时，备用电源迅速自动投入，提高供电可靠性，保证不间断供电。

2. 对 APD 装置的要求

1）工作电源断电后，APD 装置应动作，并且保证在工作电源断开后再投入备用电源。
2）备用电源自动投入的动作时间应尽量短，以利于电动机自起动和缩短停电时间。
3）APD 装置应只动作一次。
4）电压互感器熔断器熔断时，APD 装置不应动作。
5）备用电源的容量应足够大。

3. APD 装置工作原理

下面以图 8-12 所示系统为例，介绍 APD 装置的工作原理。

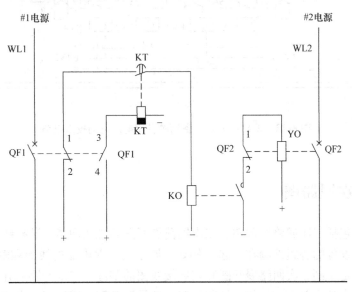

图 8-12 备用电源自动投入装置原理电路图

系统采用一用一备工作方式，#1 电源为工作电源，#2 电源为备用电源。正常工作时由 #1 电源给负荷供电，断路器 QF1 的触点 QF1 3 - 4 闭合，时间继电器 KT 的线圈通电，KT 的延时断开动合触点闭合，但由于断路器 QF1 的触点 QF1 1 - 2 断开，因此合闸接触器 KO 回路没有接通。

当#1电源断电时，失压继电器动作使断路器QF1跳闸，断路器的辅助触点QF1 3-4断开，使时间继电器KT回路断电。由于时间继电器的触点为延时断开触点，所以在其断开前，断路器的辅助触点QF1 1-2闭合，接通合闸接触器KO回路，其触点闭合，接通断路器QF2的合闸线圈YO回路（QF2 1-2原已闭合），断路器QF2闭合，由#2电源给负荷供电，完成备用电源自动投入。断路器QF2合闸后，其辅助触点QF2 1-2断开，切断合闸YO回路。时间继电器KT的延时断开动合触点达到设定延时后断开，切断合闸接触器KO回路。

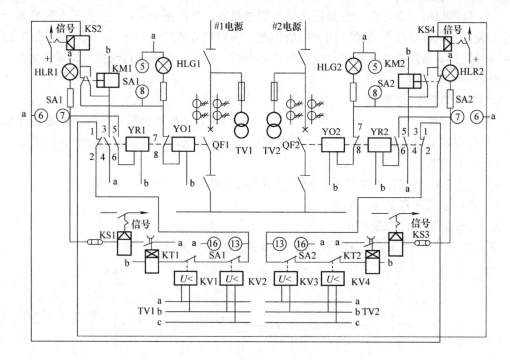

图8-13 两路电源互为备用的备用电源自动投入电路

8.6 二次回路图

二次回路图包括二次回路原理图、二次回路展开图和二次回路安装接线图。二次回路原理图将属于同一设备的各组件画在一起（例如，属于同一继电器的线圈和触点），便于分析电路工作原理，是绘制二次回路展开图和安装接线图的基础。二次回路展开图按照电源性质将二次回路划分成各个单元，例如，控制回路、信号回路等，属于同一设备的组件可能位于不同的单元电路中，用相同的文字符号和数字标号表示同一设备的组件（例如，中间继电器KM1的线圈和触点都用此符号表示）。原理图和展开图在前面章节中已使用并详细介绍，本节重点介绍二次回路安装接线图。

二次回路安装接线图以二次回路展开图为基础绘制而成，用于安装、接线、检查和维修等。二次回路安装接线图包括屏面布置图、屏背面接线图和端子排图。

(1) 屏面布置图 屏面布置图按照比例绘制而成,屏上标明了设备的安装位置、外形尺寸和中心线尺寸,是安装屏上设备的依据。

(2) 屏背面接线图 屏背面接线图以屏面布置图为基础,以展开图为依据绘制而成,是制造厂配线的依据,也是检查和维修的参考图纸。屏背面接线图标明了设备端子之间的连接关系,以及设备端子和端子排之间的连接关系。

(3) 端子排图 屏内设备和屏外设备之间通过一些专用接线端子连接,这些接线端子组合构成端子排。接线端子分为普通端子、连接端子、试验端子和终端端子。

1) 普通端子。用来连接屏内外导线。

2) 连接端子。具有横向连接片,可与相邻端子相连,用于连接二次回路分支导线。

3) 试验端子。用来在不断开二次回路的情况下,对仪表、继电器进行试验。

图 8-14 是试验端子在校验电流表中的应用。

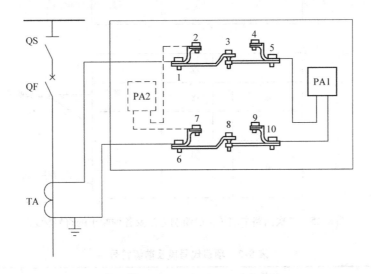

图 8-14 试验端子在校验电流表中的应用

两个试验端子板将工作电流表与电流互感器二次绕组相连,由于电流互感器二次绕组不能开路,因此在校验电流表时,不能断开电流互感器二次回路。将备用电流表 PA2 接在试验端子的接线螺钉 2 和 7 上,拧开螺钉 3 和 8,拆下工作电流表 PA1 进行校验,校验结束后,再拧上 3 和 8,拆下备用电流表 PA2,整个过程始终保持电流互感器二次回路闭合。

4) 终端端子。用于固定和分隔不同安装项目的端子排。

端子的项目代号为 X,前缀符号为 ":"。图 8-15 表示二次回路中端子排的绘制方法及各种端子的符号标志。

(4) 二次设备表示方法 二次设备都是从属于某个一次线路或一次设备,而一次线路和设备又从属于某个成套配电装置,因此表述二次设备时需要包含位置关系和设备种类等信息,用项目代号表示。完整的项目代号包含四个代号段,每个代号段前面加对应的前缀符号作为区分标记,见表 8-2。

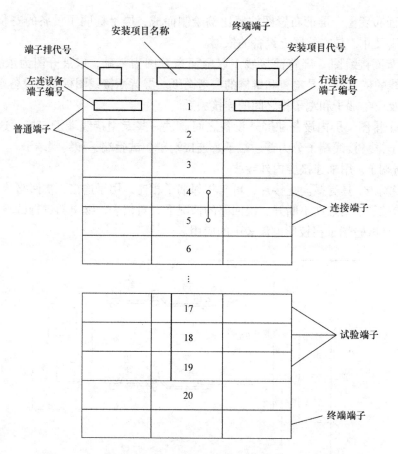

图 8-15 二次回路中端子排的绘制方法及各种端子的符号标志

表 8-2 项目代号段及前缀符号

项目层次	代号名称	前缀符号	示例
第一段	高层代号	=	= A3
第二段	位置代号	+	+ WL1
第三段	种类代号	-	- PJ
第四段	端子代号	:	:7

例如,有一块有功电能表 PJ,用于测量线路 WL1 的有功电能,线路 WL1 位于 A3 开关柜中,则该有功电能表的第 7 个端子的项目代号为 = A3 + WL1 - PJ:7。

(5) 连接导线表示方法 端子之间的连接导线有两种表示方法,一种是连续线表示法,另一种是中断线表示法。

1) 连续线表示法:端子之间的连接导线用连续线表示。

2) 中断线表示法:端子之间的连接不直接画线表示,而是在需要连接的两个端子之间标注对面端子的代号,以表示两个端子之间的连接关系,也称为相对标号法或对面标号法。

在连接导线数量较多,且线路交叉的场合,适用中断线表示方法。图 8-16、图 8-17 为两种连接导线表示方法示例。

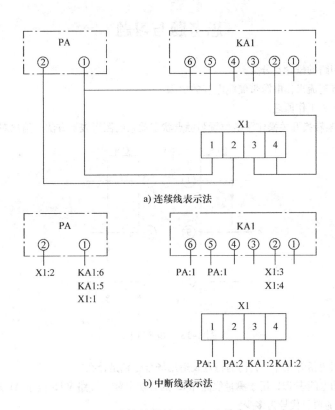

图 8-16 连接导线的两种表示方法（一）

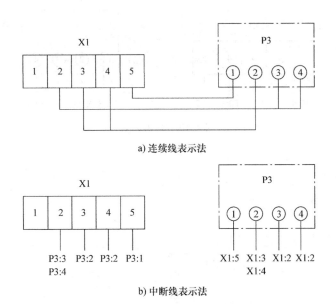

图 8-17 连接导线的两种表示方法（二）

思考题与习题

8-1 简述二次回路的概念及分类。

8-2 解释硅整流直流操作电源带储能电容的原因。

8-3 简述行程开关工作原理。

8-4 图 8-18 为某转换开关操作手柄位置与触点状态关系的图形表示方法，给出对应的表格表示方法。

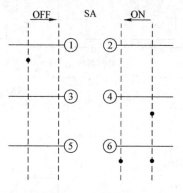

图 8-18 题 8-4 图

8-5 二次回路图包括哪几种，它们的特点及适用场合分别是什么？

8-6 有一块有功电能表 PJ，用于测量线路 WL5 的有功电能，线路 WL5 位于 A1 开关柜中，则该有功电能表的第 3 个端子的项目代号为多少？

8-7 图 8-19 为连接导线的中断线表示方法，画出对应的连续线表示方法。

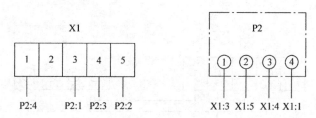

图 8-19 题 8-7 图

第9章 电气安全与防雷和接地

防雷和接地是保证供配电系统安全运行的主要措施,本章介绍电气安全相关知识,重点介绍防雷和接地相关设计和计算方法。

9.1 电气安全

9.1.1 电气安全基本知识

1. 安全电流

人体作为导体,当人体不同部位接触不同电位时,就有电流流过人体,这就是触电,例如,手触碰到带电裸导体就会触电。触电对人体的损伤程度取决于流经人体的电流大小,以此为依据,将电流分为3类,分别是感知电流、摆脱电流和致命电流。

(1)感知电流 感知电流是指引起人体任何感觉的最小电流,成年男性平均感知电流约为1.1mA,成年女性平均感知电流约为0.7mA。感知电流一般不会对人体造成伤害。

(2)摆脱电流 摆脱电流是指人触电后能够自主摆脱电源的最大电流。成年男性平均摆脱电流约为16mA,最小摆脱电流为9mA,成年女性平均摆脱电流约为10.5mA,最小摆脱电流为9mA,考虑在各种条件下都不会对人体有电击危险的安全电流为5mA。

(3)致命电流 是指在很短时间内危及人生命的最小电流。当流经人体的电流达到50mA以上时,就会引起心室颤动,有生命危险;当电流达到100mA以上时,能够在极短时间内致人死亡。

不同电流对人体的影响见表9-1。

我国规定在工频50Hz条件下,安全电流为30mA,但是触电时间按照不超过1s计算,即安全电流(时间)为30mA·s,当通过人体电流(时间)不超过30mA·s时,不致引起心室纤维性颤动和器质性损伤。

表 9-1 不同电流对人体的影响

电流/mA	通电时间	人体反应	
		交流电源（50Hz）	直流电源
0~0.5	连续	无感觉	无感觉
0.5~5	连续	有麻刺、疼痛感、无抽搐	无感觉
5~10	几分钟内	痉挛、剧痛、尚可摆脱电源	针刺、压迫、灼热感
10~30	几分钟内	迅速麻痹、呼吸困难、不自主	压痛、刺痛、灼热强烈、抽搐
30~50	几秒到几分钟内	心跳不规则、昏迷、强烈痉挛	感觉强烈、剧痛痉挛
50~100	超过3s	心室颤动、呼吸麻痹、心跳停止跳动	剧痛、强烈痉挛、呼吸困难或麻痹

安全电流数值不是唯一确定的，其主要与以下几方面有关：

1）触电时间：相同电流通过人体时，触电时间不同对人体的损伤程度不同，当触电时间超过 0.2s 时，安全电流急剧下降。

2）电流性质：直流、交流和高频电流对人体的影响程度不同，工频 50~60Hz 交流电流对人体损伤程度最大，超过 20000Hz 的交流电流对人体影响较小，可以做理疗使用。

3）电流路径：触电部位不同，流经人体的路径不同，流经中枢神经和心脏的损伤最为严重。从左手到脚是最危险的路径，脚到脚的路径危险性相对较小。

2. 人体电阻

人体电阻由皮肤电阻和体内电阻组成，皮肤电阻占主要部分，人体电阻有一定的取值范围，其与皮肤干燥程度、电流路径、电流持续时间和接触电压大小等有关，正常环境取 1000Ω，特别潮湿环境取 500Ω。

人体电阻越大，相同接触电压下，流经人体的电流越小，对人体影响越小。

3. 安全电压

安全电压与环境条件有关，我国工频交流电压，安全电压不超过 50V，常用的有 42V、36V、24V、12V 和 6V，42V 和 36V 用于干燥环境，24V 用于潮湿环境，12V 和 6V 用于水下环境。

9.1.2 电气安全的技术防护措施

保证电气安全是一项综合性的工作，既包括组织措施，也包括技术防护措施。组织措施包括制定安全规章制度和进行安全教育等。本节重点介绍电气安全的技术防护措施。

1. 采用保护接地或保护接零

将设备外露可导电部分接地，防止发生触电事故。

2. 采用漏电保护装置

漏电保护装置是一种接地保护装置，用来防止人身触电和漏电引发事故。

3. 采用安全电压

根据具体工作场合和工作条件选用安全电压等级，避免触电。

4. 正确使用电工安全工具

工作人员应正确使用绝缘手套、绝缘靴、夹钳和验电笔等工具，佩戴防具用品，并设置安全警示标志。

5. 带电部分预处理

带电部分应做好绝缘防护，不方便装设绝缘的带电部分应放置于不会触及的高处。

9.1.3 触电急救

触电后进行的现场施救是抢救过程中的一个关键环节，其包括两个步骤：

1. 人体脱离电源

可采用断开电源开关的方式快速切断电源，或采用绝缘体切断电源，例如，用带有绝缘护套的钢丝钳剪断电线、用干燥木棒或其他带绝缘手柄的工具迅速将电线挑开。

2. 急救处理

如果发现触电人员心跳或呼吸停止，应立即进行人工呼吸或做人工心脏挤压维持血液循环，尽量在原地进行急救，避免移动触电人员，在送往医院过程中也要不断进行人工呼吸或做人工心脏挤压进行抢救。

9.2 过电压与防雷

9.2.1 过电压与雷电

过电压是指超出正常工作电压要求的高电压，其对线路和设备的绝缘构成威胁。根据过电压产生的原因，将其分为内部过电压和外部过电压。

1. 内部过电压

内部过电压是指由于供配电系统本身的开关操作、负荷骤变和发生故障等原因，使系统的工作状态突然改变，产生电磁能量转换和传递引起的过电压，其能量来源于系统内部，内部过电压一般不超过系统正常运行时额定电压的 3~3.5 倍，对线路和电气设备的威胁不是很大，可以通过加强电气设备绝缘、改变系统元件参数、采用灭弧能力强的断路器和中性点采用消弧线圈接地等方式预防和限制内部过电压。

内部过电压分为操作过电压和谐振过电压等形式，操作过电压是指由于正常条件下或故障时操作，系统出现断续性电弧而引起的过电压。谐振过电压是由于系统中的电路参数（电阻、电感和电容）的特性组合，产生谐振而引起的过电压。

2. 外部过电压

外部过电压又称为大气过电压或雷电过电压。雷电过电压是由于电力系统内部的电气设备或构筑物遭受雷击或雷电感应而引起的过电压，其能量来源于系统外部。雷电过电压引起的雷电冲击波，电压幅值高达一亿伏，电流幅值高达几十万安，对线路和设备的危害远远大于内部过电压的影响，因此必须采取措施进行防护。

雷电过电压的基本形式有 3 种：直击雷过电压、感应雷过电压和雷电波侵入。

（1）直击雷过电压　雷电直接击中线路、电气设备或建筑物，雷电流通过被击中物体流入大地，在该物体上产生较大的电压降，即为直击雷过电压。雷电流通过物体时，在物体上产生破坏作用的热效应、机械效应和电磁效应等。

（2）感应雷过电压　当架空线路附近出现对地雷击时，架空线路上感应出雷云的异性电荷,当雷云放电结束后,架空线路上的电荷脱离约束,成为自由电荷,向线路两端流动,产生过电压。

(3)雷电波侵入　直击雷和感应雷产生的雷电冲击波,沿着架空线路和金属管道侵入变配电所和电力用户造成危害。其在雷害事故中所占比重较大,必须采取措施进行有效防护。

9.2.2 防雷装置

一套完整的防雷设备由接闪器或避雷器、引下线和接地装置组成。

1. 接闪器

接闪器是用于接受雷击的金属物体,包括避雷针、避雷线、避雷带和避雷网。接闪器利用高出被保护物体的突出部分,将雷电引入自身,通过引下线和接地装置将雷电流泄入大地,保护线路、电气设备和建筑物免受雷击。

(1)避雷针　避雷针将雷云放电通路引入到自身,通过引下线和接地装置将雷电流泄入大地,避雷针起到引雷作用。

避雷针多采用直径不小于20mm、长为1~2m的圆钢,或直径不小于25mm的镀锌钢管制成,安装于支柱、构架或建筑物上。

避雷针的保护范围,用其能够防护直击雷的空间来表示,常用的避雷针(单针)保护范围计算方法有折线法和滚球法,折线法计算简单,设计直观,比较成熟,在电力系统中又称为规程法,但不适用于高度大于20m的建筑物;滚球法能够计算避雷针与网络组合时的保护范围,但是计算复杂,高层建筑中更多采用滚球法。

1)滚球法。滚球法是用一个半径为h_r的球体沿着需要防护雷击的部位滚动,当球体只触及避雷针或只触及避雷针和地面,而不触及需要保护的部位时,则该部分就能得到避雷针的保护。

滚球半径h_r根据建筑物的防雷类别来确定,见表9-2。

表9-2　各类建筑物滚球半径

建筑物防雷类别	滚球半径/m
第一类防雷建筑物	30
第二类防雷建筑物	45
第三类防雷建筑物	60

GB 50057—2019《建筑物防雷设计规范》根据建筑物的重要性、使用性质、发生雷电事故的可能性和后果,按防雷要求将建筑物分为3类。

遇下列情况之一时,应划为第一类防雷建筑物:

① 凡制造、使用或贮存火炸药及其制品的危险建筑物,因电火花而引起爆炸、爆轰,会造成巨大破坏和人身伤亡者。

② 具有0区或20区爆炸危险场所的建筑物。

③ 具有1区或21区爆炸危险场所的建筑物,因电火花而引起爆炸,会造成巨大破坏和人身伤亡者。

遇下列情况之一时,应划为第二类防雷建筑物:

① 国家级重点文物保护的建筑物。
② 国家级的会堂、办公建筑物、大型展览和博览建筑物、大型火车站、国宾馆、国家级档案馆、大型城市的重要给水泵房等特别重要的建筑物。
③ 国家级计算中心、国际通信枢纽等对国民经济有重要意义的建筑物。
④ 国家特级和甲级大型体育馆。
⑤ 制造、使用或贮存火炸药及其制品的危险建筑物，且电火花不易引起爆炸或不致造成巨大破坏和人身伤亡者。
⑥ 具有 1 区或 21 区爆炸危险场所的建筑物，且电火花不易引起爆炸或不致造成巨大破坏和人身伤亡者。
⑦ 具有 2 区或 22 区爆炸危险场所的建筑物。
⑧ 有爆炸危险的露天钢质封闭气罐。
⑨ 预计雷击次数大于 0.05 次/a 的部、省级办公建筑物和其他重要或人员密集的公共建筑物以及火灾危险场所。
⑩ 预计雷击次数大于 0.25 次/a 的住宅、办公楼等一般性民用建筑物或一般性工业建筑物。

遇下列情况之一时，应划为第三类防雷建筑物：
① 省级重点文物保护的建筑物及省级档案馆。
② 预计雷击次数大于或等于 0.01 次/a，且小于或等于 0.05 次/a 的部、省级办公建筑物和其他重要或人员密集的公共建筑物，以及火灾危险场所。
③ 预计雷击次数大于或等于 0.05 次/a，且小于或等于 0.25 次/a 的住宅、办公楼等一般性民用建筑物或一般性工业建筑物。
④ 预计雷击次数大于或等于 0.06 次/a 的一般性工业建筑物。
⑤ 在平均雷暴日大于 15d/a 的地区，高度在 15m 及以上的烟囱、水塔等孤立的高耸建筑物；在平均雷暴日小于或等于 15d/a 的地区，高度在 20m 及以上的烟囱、水塔等孤立的高耸建筑物。

滚球法计算避雷针防护范围步骤如下：
当避雷针高度 h 低于或等于滚球半径 h_r（即 $h \leq h_r$）时，
① 在距地面高度 h_r 处画一条平行于地面的直线 l，如图 9-1 所示；
② 以避雷针针尖 O 为圆心，以 h_r 为半径画圆与直线 l 交于 A 和 B 两点；
③ 分别以 A 和 B 两点为圆心，以 h_r 为半径画圆，两个圆各自分别与针尖相交，与地面相切，从针尖到地面切点的两条弧线，围成一个锥形空间，即为避雷针的保护范围。
当被保护物体的高度为 h_x 时，其高度所在平面的被保护半径为 r_x，r_x 按照式（9-1）计算：

$$r_x = \sqrt{h(2h_r - h)} - \sqrt{h_x(2h_r - h_x)} \tag{9-1}$$

当避雷针高度 h 高于滚球半径 h_r（即 $h > h_r$）时，
在避雷针上，高度为 h_r 处取一点代替针尖，其他步骤与 $h \leq h_r$ 时相同。
2）折线法。折线法如图 9-2 所示，计算步骤如下：
① 在 $h/2$ 高度处画一条平行于地面的直线 l_1，其中 h 表示避雷针高度；
② 经过针尖 A 点画一条与避雷针夹角为 45°的直线 l_2，与直线 l_1 交于 B 点；

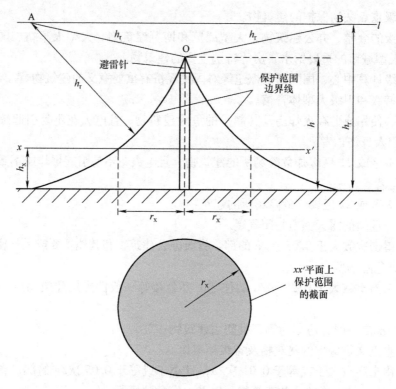

图 9-1 滚球法计算避雷针保护范围

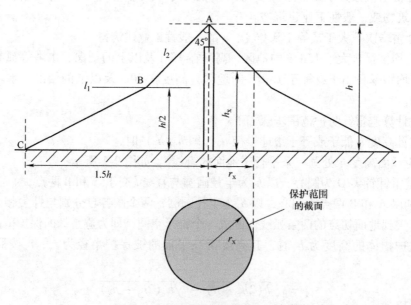

图 9-2 折线法计算避雷针保护范围

③ 地面上距离避雷针 $1.5h$ 处有一点 C，连接 B 与 C 点；
④ 折线 ABC 以避雷针为轴线绕成的两个圆锥形空间就是避雷针的保护范围。
当被保护物体的高度为 h_x 时，其高度所在平面的被保护半径为 r_x，r_x 按照下式计算：

$$\begin{cases} \text{当 } h_x \geqslant h/2 \text{ 时,} & r_x = (h - h_x)p \\ \text{当 } h_x < h/2 \text{ 时,} & r_x = (1.5h - 2h_x)p \end{cases} \tag{9-2}$$

式中，p 表示高度影响系数，当 $h \leqslant 30\text{m}$ 时，$p = 1$；当 $30\text{m} < h \leqslant 120\text{m}$ 时，$p = 5.5/\sqrt{h}$；当 $h > 120\text{m}$ 时，取避雷针高等于 120m。

例 9-1 某厂一座高 30m 的水塔旁，建有一座水泵房（属于第三类防雷建筑物），尺寸如图 9-3 所示，水塔上面安装一支高 2m 的避雷针，判断此避雷针是否能够保护水泵房。分别用滚球法和折线法进行计算。

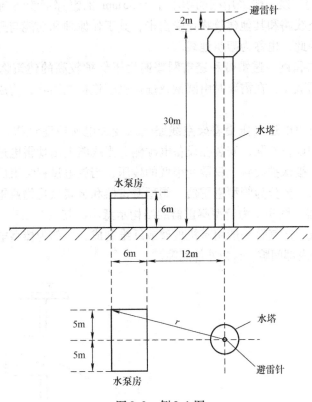

图 9-3 例 9-1 图

解：1）滚球法。

查表 9-2 得，第三类防雷建筑物的滚球半径为 $h_r = 60\text{m}$；避雷针的高度 $h = 30\text{m} + 2\text{m} = 32\text{m}$；被保护物体高度 $h_x = 6\text{m}$。

将上述条件代入式（9-2）中，得到避雷针在 6m 高度处的保护半径为

$$r_x = \left(\sqrt{32 \times (2 \times 60 - 32)} - \sqrt{6(2 \times 60 - 6)} \right)\text{m} = 26.9\text{m}$$

水泵房屋顶（高 6m 处）距离避雷针最远的屋角与避雷针之间的水平距离为

$$r = \sqrt{(12 + 6)^2 + 5^2}\,\text{m} = 18.7\text{m} < r_x = 26.9\text{m}$$

在避雷针的保护范围内，因此水塔上的避雷针能够保护水泵房。

2）折线法。

避雷针的高度 $h = 30\text{m} + 2\text{m} = 32\text{m}$；被保护物体高度 $h_x = 6\text{m}$。

高度影响系数 p 为

$$p = 5.5/\sqrt{32} = 0.972$$

将上述条件代入式（9-1）中，得到避雷针在6m高度处的保护半径为

$$r_x = (1.5h - 2h_x)p = [(1.5 \times 32 - 2 \times 6) \times 0.972]m = 35m$$

水泵房屋顶（高6m处）距离避雷针最远的屋角与避雷针之间的水平距离为

$$r = \sqrt{(12+6)^2 + 5^2}m = 18.7m < r_x = 35m$$

在避雷针的保护范围内，因此水塔上的避雷针能够保护水泵房。

（2）避雷线　避雷线一般采用截面积不小于35mm^{2}的镀锌钢绞线制成，在架空线路上敷设，用于保护架空线路和其他建筑物免受雷击，其工作原理和功能与避雷针相似，由于既架空敷设又接地，因此，也称为架空地线。

（3）避雷带和避雷网　避雷带和避雷网普遍用于保护较高的建筑物免受雷击，避雷带沿着建筑物屋顶周围敷设，在需要时由圆钢或扁钢纵横连接成网状，构成避雷网。

2. 避雷器

避雷器能够防止雷电过电压沿着架空线路侵入变配电所或建筑物，危及电气设备的绝缘。避雷器与被保护设备并联，安装在设备电源侧，当线路上出现雷电过电压时，雷电流通过避雷器泄入大地，被保护设备上只承受很低的残压，当放电过程结束后，避雷器又自动恢复起始状态。避雷器主要分为管型避雷器、阀型避雷器和金属氧化物避雷器等。

（1）管型避雷器　图9-4为管型避雷器的结构示意图，其主要由产气管（灭弧管）、内外间隙和电极等组成。产气管一般用有机玻璃或纤维制成，内部为棒型电极，另一端的环形电极上有管口，s_1为内部间隙，s_2为外部间隙。

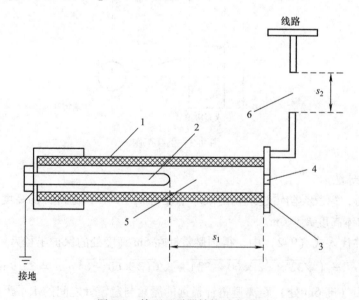

图9-4　管型避雷器结构示意图

1—产气管　2—内部电极　3—外部电极　4—喷气口　5—内部间隙　6—外部间隙

当线路上出现雷电过电压时，避雷器的内部间隙和外部间隙被击穿，雷电流通过避雷器泄入大地，电网的工频续流（相当于对地短路电流）也经过避雷器流入大地，由于避雷器

放电期间，内阻很小，虽然雷电流和工频续流很大，但是残压很低，没有超过被保护设备的绝缘耐压值。雷电流和工频电流使内部间隙产生强烈电弧，在电弧高温作用下，管子内壁材料被分解产生气体，从环形电极的管口喷出，产生纵向吹弧，在交流电弧电流第一次过零时刻，电弧熄灭，外部间隙空气恢复绝缘，避雷器与线路隔离，恢复正常运行状态。

管型避雷器残压小，结构简单经济，但是工作时有气体喷出，对敏感电气设备的保护能力不强，一般用在室外架空线路上，例如，安装在变配电所进线段上。

(2) 阀型避雷器　阀型避雷器结构示意图如图9-5所示。其由火花间隙和阀片（非线性电阻片）组成，密封在瓷套管内。火花间隙由若干个单间隙叠合而成，以达到线路额定电压等级。阀片电阻具有很好的非线性，当电流较大时，其电阻很小，而通过的电流较小时，电阻很大。因此，通过雷电流时，残压很低，又能够限制工频续流，有利于火花间隙切断工频续流。发生雷电过电压时，火花间隙被击穿，雷电流通过避雷器放电，残压较小，而阀片对工频续流呈现很大电阻，利用火花间隙熄灭电弧，切断工频续流。

(3) 金属氧化物避雷器　金属氧化物避雷器又称为压敏避雷器，其利用金属氧化物对电压敏感的特性，起到抑制工频电流和泄放雷电流的作用。

其用压敏电阻代替阀片，压敏电阻由氧化锌等金属氧化物高温烧结而成，具有理想的伏安特性。当雷电流通过时，压敏电阻阻值很小，将雷电流泄入大地，对工频电流，其电阻很大，能够阻断工频电流，无需火花间隙熄灭工频续流电弧，具有较好的发展前景。

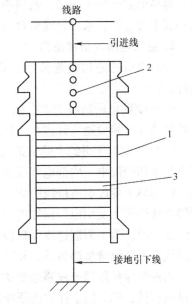

图9-5　阀型避雷器结构示意图
1—瓷套管　2—火花间隙　3—非线性电阻盘

3. 引下线

引下线是接闪器和接地体之间的连接导线，将接闪器上的电流引入接地体。采用经过防腐处理的直径不小于8mm的圆钢，或截面积不小于12mm×4mm的扁钢制成，经最短路径接地，每隔1.5m加固，以防损坏。

9.2.3　防雷措施

1. 架空线路的防雷措施

架空线路遭受雷害事故的概率较高，遭受雷击时，不仅架空线路本身受到损坏，雷电波还会沿着架空线路侵入到变配电所内部，损坏电气设备，因此必须采用有效的防雷措施，保护线路和设备免受损坏。

1) 架设避雷线是最有效的架空线路防雷措施，但是其价格昂贵，在66kV及以上的线路上可全线敷设，对于35kV架空线路只在进出变配电所的一段线路上敷设，10kV及以下的线路上一般不敷设避雷线。

2) 10kV及以下的架空线路通过提高线路本身的绝缘水平进行防雷保护。可以采用木横担、瓷横担或将绝缘子的耐压值提高一级。

3）对于 3~10kV 的系统，可将三角形排列的架空线路顶线兼做防雷保护线使用。在顶线绝缘子上装设保护间隙，当发生雷击时，保护间隙被击穿，雷电流通过其引下线将雷电流泄入大地，保护下面两条线，也不会引起线路断路器跳闸。

4）在线路绝缘薄弱点装设避雷器和保护间隙进行防雷保护。例如，在特别高的杆塔、有拉线的杆塔、分支杆、跨越杆和终端杆等处。

5）在配电线路上装设自动重合闸装置。由于配电线路的绝缘水平较低，当发生雷击时，容易引起绝缘子闪络，线路断路器跳闸。线路断开后，电弧熄灭，线路重新接通后，电弧一般不会重燃，采用自动重合闸装置可以缩短停电时间。

2. 变配电所的防雷措施

变配电所的防雷措施分为三道防线，层层保护，以保证变配电所及其内部设备安全运行。

（1）变配电所防直击雷措施　为了保护变配电所建筑物及户外配电装置免遭直接雷击，一般单独立杆装设避雷针或在户外配电装置架构上装设避雷针防护直击雷。

（2）变配电所进线上防雷措施　为了防止架空线路上或线路附近落雷，雷电波侵入变配电所损坏变配电所内部电气设备，在变配电所进线上需装设防雷设备。

1）35kV 变配电所进线防护。35kV 架空线路一般不全线敷设避雷线，为了防止雷电波沿架空线路侵入变配电所损坏电气设备，在变配电所进线 1~2km 段装设避雷线，此段称为进线保护段，为了限制进线保护段以外线路遭受雷击时侵入变配电所的过电压，在避雷线两端的线路上装设管型避雷器。35kV 变配电所进线防雷保护接线如图 9-6 所示。

当进线保护段以外线路遭受雷击时，雷电流通过管型避雷器 FV1 泄入大地，降低了雷电过电压值，FV2 用于保护进线断路器，防止雷电波侵入时，在断开的断路器处产生过电压损坏断路器。

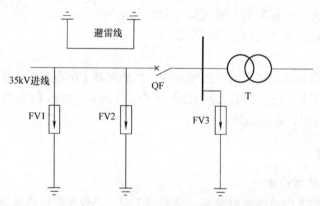

图 9-6　35kV 变配电所进线防雷保护接线
FV1、FV2—管型避雷器　FV3—阀型避雷器

2）3~10kV 变配电所进线防护。在 3~10kV 变配电所进线终端装设 FZ 型或 FS 型阀型避雷器，用来保护线路上的断路器和隔离开关，如图 9-7 中的 FV1。如果进线采用电缆引入的架空线路，则在架空线路终端靠近电缆头处安装避雷器，并将避雷器接地端与电缆外壳相连后接地，如图 9-7 中的 FV2。

（3）变压器的防雷措施　为了防止雷电波沿着架空线路侵入变配电所损坏变压器，在

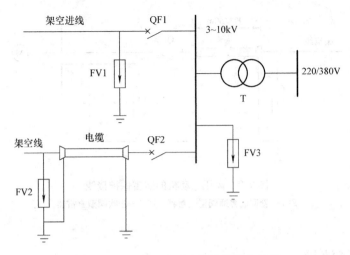

图 9-7 3~10kV 变配电所防雷保护接线
FV1、FV2—管型避雷器 FV3—阀型避雷器

变配电所母线上装设阀型避雷器,并尽量靠近变压器,距离一般不超过 5m。如图 9-6 和图 9-7 中的 FV3。避雷器接地端与变压器外壳以及变压器低压侧中性点连接在一起接地,如图 9-8 所示。

3. 高压电动机的防雷措施

高压电动机如果直接与变压器相连,则不需要特殊的防雷措施,因为高压电动机的绝缘水平比变压器低。对于直接从高压配电网接受电能的高压电动机,应采用 FCD 型磁吹阀型避雷器或氧化锌避雷器。

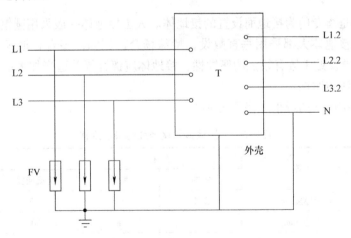

图 9-8 电力变压器的防雷保护和接地系统
FV—阀型避雷器 T—电力变压器

高压电动机防雷保护接线如图 9-9 所示。在电动机进线端采用一段 100~150m 的引入电缆,降低侵入电动机的雷电波陡度,在电缆前面的电缆头处装设管型或阀型避雷器,在高压电动机电源端装设并联有电容器的磁吹阀型避雷器,提高防雷效果。

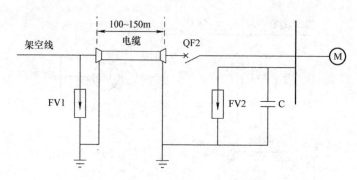

图 9-9　高压电动机的防雷保护接线
FV1—管型或普通阀型避雷器　　FV2—磁吹阀型避雷器

9.3 电气接地

9.3.1 接地的基本概念

1. 接地装置

（1）接地体　埋入地中直接与土壤接触的金属导体称为接地体，也称为接地极。接地体分为自然接地体和人工接地体两种。

自然接地体是指兼作接地体用的，直接与大地接触的各种金属构件、金属管道以及建筑物的钢筋混凝土基础等。采用自然接地体可以节约钢材，节省施工费用，因此应优先选用自然接地体。

人工接地体是指专门为接地而设置的接地体。人工接地体一般采用圆钢、角钢、扁钢和钢管制成，人工接地体大都采用垂直敷设，特殊场合，例如，多岩石地区，可采用水平敷设。如果接地体敷设处土壤有较强的腐蚀性，接地体应镀锌等并适当加大截面积，不能采用涂漆或沥青的方法防腐蚀。

钢接地体和接地线的最小规格见表 9-3。

表 9-3　钢接地体和接地线的最小规格

种类	参数	地上		地下	
		室内	室外	交流回路	直流回路
钢管	管壁厚度/mm	2.5	2.5	3.5	4.5
圆钢	直径/mm	6	8	10	12
角钢	厚度/mm	2	2.5	4	6
扁钢	截面/mm²	24	48	100	100
	厚度/mm	3	4	4	6

（2）接地线与接地网　连接电气设备接地部分和接地体的导线，或接地体之间的连接导线称为接地线，接地线又分为接地干线和接地支线。在电气设备正常运行时，接地线中不承载电流，当电气设备发生接地故障时，故障电流通过接地线流入大地。

由接地线将若干接地体在大地中连接起来构成的一个整体,称为接地网。如图9-10所示。

图 9-10 接地网示意图
1—电气设备　2—接地支线　3—接地干线　4—接地体

（3）接地装置　接地体与接地线统称为接地装置。

2. 接地电流散流现象与地表电位分布

当电气设备发生接地故障时,接地电流通过接地体流入大地。接地电流以接地体为中心向大地作半球体形状散开,距离接地体越远的地方,半球体的表面积越大,散流密度越小,地表电位越低,在距离接地体20m处,地表电位近似为零,因此将距接地体20m以外的电位为零处称为电气"地"。图9-11表示接地体电流散流现象及地表电位分布。

3. 接触电压与跨步电压

（1）接触电压　当电气设备发生接地故障时,如果人体触碰带电的金属外壳,则人体不同部位（例如手和脚）所接触的两点之间的电位差称为接触电压,用 U_{tou} 表示。

（2）跨步电压　人在接地故障点周围行走,两脚之间的电位差称为跨步电压,用 U_{step} 表示,距离接地点越近、跨步越长,则跨步电压越大。图9-12为接触电压和跨步电压示意图。

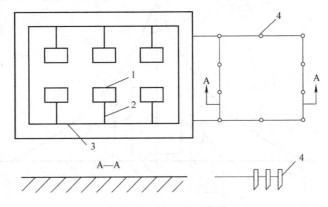

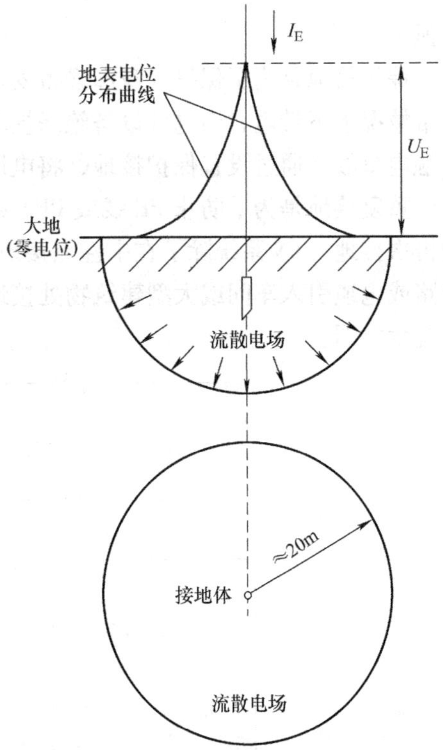

图 9-11 接地体电流散流现象及地表电位分布

9.3.2 接地的类型

供配电系统和电气设备的接地,按照功能分为3类:工作接地、保护接地和重复接地。

工作接地是指为了使供配电系统达到正常工作要求而进行的接地,例如,电源中性点直接接地,可以在系统发生单相接地故障时,保持相线对地电压为相电压,降低绝缘造价。电源中性点经消弧线圈接地,在系统发生单相接地故障时,可以减小接地电流,避免产生

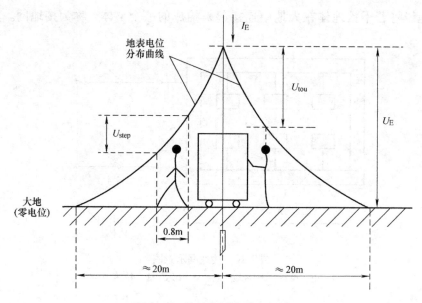

图 9-12 接触电压和跨步电压

电弧。

保护接地是为了保护人身和设备安全而作的接地。例如，电气设备的外露可导电部分在正常情况下不带电，当电气设备绝缘损坏时，设备金属外壳带电，人体接触金属外壳就会发生触电事故，通过设置保护接地，将电压限制在安全电压范围内，避免触电事故的发生。

重复接地是为了防止 PE 线或 PEN 线断线，失去保护作用，而在线路上一处或多处进行的再次接地。TN 系统除了在中性点接地外，还需在架空线路终端和沿线每 1km 处，和架空线路或电缆引入车间或大型建筑物处接地。图 9-13 为没有采用重复接地和采用重复接地的系统示意图。

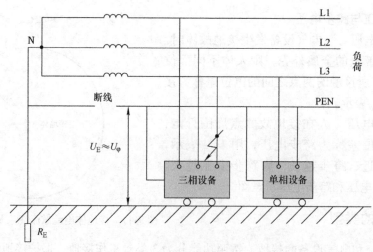

a) 没有采用重复接地

图 9-13 重复接地示意图

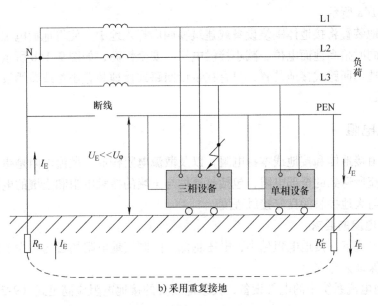

b) 采用重复接地

图 9-13 重复接地示意图（续）

没有采用重复接地时，当 PE 线或 PEN 线断线，且断线后的电气设备发生接地故障时，电气设备外露可导电部分对地电压近似为相电压，人体接触设备金属外壳会发生触电事故，如图 9-13a 所示。当采用重复接地时，发生同样故障，设备外露可导电部分对地电压近似为接地电阻上的电压，在安全电压范围内，如图 9-13b 所示。

9.3.3 接地装置装设

1. 电气设备（装置）接地部位

电气设备（装置）应接地的金属部位有：

1）电机、变压器等的金属底座和外壳；
2）电气传动装置；
3）控制屏和配电屏等的金属框架和底座；
4）电缆头的金属外壳、电缆的金属护层和电缆桥架等；
5）装有避雷线的杆塔；
6）装在配电线路杆上的电气设备。

2. 接地装置的布置

接地装置的布置应使地面电位分布尽可能均匀，以减小接触电压和跨步电压，保护人身安全。采用人工接地体的接地装置有两种布置方式：外引式和回路式，如图 9-14 所示。

外引式接地装置将接地体引出至户外某处，集中埋于地下，这种布置方式，安装方便，成本低，但是接地体附近地表电位分布不均，跨步电压大，厂房内接触电

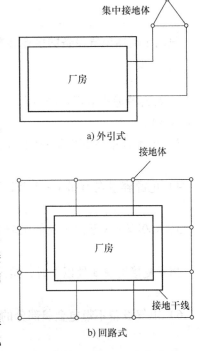

图 9-14 接地装置的布置

压大,如图 9-14a 所示。

回路式接地装置将接地体围绕设备或建筑物四周打入地中,使得地面电位分布均匀,减小跨步电压,同时抬高地面电位,减小接触电压,安全性高,如图 9-14b 所示。

一般优先选用回路式接地装置,只有在装设回路式接地装置困难或费用较高时,才选用外引式接地装置。

9.3.4 接地电阻

接地电阻由接地体和接地线本身电阻,以及散流电阻构成。散流电阻是指电流自接地体向周围大地散流所遇到的全部电阻,包括接地体与土壤的接触电阻和土壤的电阻。接地电阻反映接地装置与大地接触的良好接触程度。

1. 对接地电阻的要求

相同接地电流下,接地电阻越小,电压越低。限制接地电阻的目的是为了限制接触电压和跨步电压,保证人身安全。

1) 大接地电流系统中的电气设备,其接地装置的接地电阻应满足式(9-3):

$$R_E \leqslant \frac{2000}{I_d} \quad (9\text{-}3)$$

式中,R_E 为考虑季节影响的最大(工频)接地电阻(Ω);I_d 为流经接地装置的最大单相稳态短路电流(A)。

当 $I_d > 4000\text{A}$ 时,取 $R_E \leqslant 0.5\Omega$。

2) 小接地电流系统中的电气设备,其接地装置的接地电阻应满足下面要求。

高压和低压电气设备共用的接地装置,接地电阻:

$$R_E \leqslant \frac{120}{I_{jd}} \quad (9\text{-}4)$$

只用于高压电气设备的接地装置,接地电阻:

$$R_E \leqslant \frac{250}{I_{jd}} \quad (9\text{-}5)$$

式中,R_E 为考虑季节影响的最大(工频)接地电阻(Ω);I_{jd} 为单相接地时的故障(电容)电流(A)。

3) 电源容量在 100kV·A 以上的变压器或发电机的工作接地,接地电阻:

$$R_E \leqslant 4\Omega$$

4) 电源容量在 100kV·A 及以下的变压器或发电机的工作接地,接地电阻:

$$R_E \leqslant 10\Omega$$

5) 100kV·A 及以下的低压配电系统重复接地,接地电阻:

$$R_E \leqslant 10\Omega$$

当重复接地有 3 处以上时,接地电阻

$$R_E < 30\Omega$$

6) 电气设备不带电金属部分的保护接地,接地电阻:

$$R_E \leqslant 4\Omega$$

引入线有 25A 以下熔断器的设备保护接地,接地电阻:

$$R_E \leqslant 10\Omega$$

7）低压线路杆塔的接地，接地电阻：

$$R_E \leqslant 30\Omega$$

8）独立避雷针接地，接地电阻：

$$R_E \leqslant 10\Omega$$

2. 接地电阻的计算

（1）工频接地电阻 工频接地电阻是指工频交流电流经过接地体流入地中所呈现的电阻，工频接地电阻计算方法有很多，下面介绍其中一种简单的计算方法。

垂直敷设人工接地体：

1）单根接地体：

$$R_{E(1)} \approx \frac{\rho}{l} \tag{9-6}$$

式中，ρ 为土壤电阻率（$\Omega \cdot m$），见表9-4；l 为接地体长度（m）。

表9-4 土壤电阻率

土壤名称	电阻率/($\Omega \cdot m$)	土壤名称	电阻率/($\Omega \cdot m$)
陶黏土	10	砂质黏土、可耕地	100
泥炭、泥灰岩、沼泽地	20	黄土	200
捣碎的木炭	40	含砂黏土、砂土	300
黑土、田园土、陶土	50	多石土壤	400
黏土	60	砂、砂砾	1000

2）多根接地体：

$$R_E = \frac{R_{E(1)}}{n\eta_E} \tag{9-7}$$

式中，n 为接地体根数；η_E 为接地体利用系数，可查相关手册。

水平敷设人工接地体：

1）单根接地体：

$$R_{E(1)} \approx \frac{2\rho}{l} \tag{9-8}$$

2）多根接地体：

$$R_E \approx \frac{0.062\rho}{n+1.2} \tag{9-9}$$

采用人工接地体的复合式接地网：

$$R_E \approx \frac{\rho}{4r} + \frac{\rho}{l} \tag{9-10}$$

式中，r 为接地网等效半径，即面积等效的圆半径；l 为接地体总长度。

钢筋混凝土基础：

$$R_E \approx \frac{0.2\rho}{\sqrt[3]{V}} \tag{9-11}$$

式中，V 为钢筋混凝土基础体积。

电缆金属外皮或金属管道：

$$R_E \approx \frac{2\rho}{l} \qquad (9\text{-}12)$$

式中，l 为电缆及金属管道埋地长度。

(2) 冲击接地电阻　冲击接地电阻是指雷电流经过接地装置泄入大地所呈现的电阻。由于土壤被雷电波击穿，散流电阻明显减小，因此冲击接地电阻小于工频接地电阻。

冲击接地电阻为：

$$R_{ch} = \alpha R_E \qquad (9\text{-}13)$$

式中，R_{ch} 为冲击接地电阻；α 为冲击系数，见表9-5，一般不大于1；R_E 为工频接地电阻。

表9-5　冲击系数

接地装置型式	土壤电阻率/($\Omega \cdot m$)			
	≤100	500	1000	≥2000
一般接地装置	1.0	0.67	0.5	0.33
环绕建筑物的接地装置	1.0			

3. 降低接地电阻的方法

当接地电阻不满足要求时，需要采取措施降低接地电阻，常见的有通过改善土壤电阻率和调整接地方式减小接地电阻两类方法。

(1) 改善土壤电阻率

局部换土法：用电阻率比较低的土壤（泥炭、黏土和黑土）替换原来电阻率比较高的土壤，置换范围为接地体 0.5~2m 范围内，以及靠近地面侧大于或等于接地体长度 1/3 的区域内。

土壤改造法：在接地体周围土壤中添加食盐、煤渣、炭沫和石灰等物质，提高土壤导电性，减小接地电阻。这种方法效果突出、成本低，但是缺点也明显。例如，采用添加食盐改善土壤方法，长期作用能够加速接地体腐蚀，同时随着食盐的流失，接地电阻逐渐增大。

(2) 调整接地方式

外延接地：这种方法适用于接地电阻要求较小，而原地无法达到要求的情况。将附近电阻系数较低的土壤或水源作为接地处敷设接地网或接地体，再通过接地线连接到外延接地处。

深埋式接地：这种方法适用于电阻率随着地下深度增加而减小较快的环境。将接地体进行深埋，减小接地电阻。

9.3.5　低压配电系统的等电位联结

多个可导电部分间为消除电位差而进行的电气连接，称为等电位联结（Equipotential Bonding, EB）。等电位联结技术实现形式有两种，一种是设置一个金属等电位连接板（Equipotential Bonding Board, EBB），所有对象连接到EBB上，间接实现等电位联结；另一种是将两个需实现等电位的对象直接进行金属连接，不需要等电位连接板，称为辅助等电位联结（Supplementary Equipotential Bonding, SEB）。等电位联结按其作用范围不同，分为总等电位联结和局部等电位联结。

（1）总等电位联结　每栋建筑物都应进行总等电位联结（Main Equipotential Bonding，MEB），使各种金属管道、线路在进入建筑物处消除电位差，以使建筑物内不同金属部件电位接近。具体过程如下：

1）在建筑物电源进线处设置 MEB 接线端子箱，如果建筑物有多处电源进线，则每处都设置一个 MEB 接线端子箱，然后将各个接线端子箱进行电气连接。

2）将建筑物内的线路和金属管道连接到 MEB 接线端子箱上。例如：电源进线配电箱的 PE（或 PEN）母排；水、热力和煤气等金属管道；建筑物金属结构；接地引线等。

（2）局部等电位联结　在建筑物内部电击危险性较高或者对防雷击电磁脉冲有要求的局部场所需进行局部等电位联结（Load Equipotential Bonding，LEB），以在局部范围内进一步减小金属构件之间的电位差，或进一步分走雷电能量。例如：在容易触电的浴室或医院手术室进行局部等电位联结。

思考题与习题

9-1　简述感知电流、摆脱电流和致命电流的含义及对人体的影响。

9-2　影响安全电流的因素有哪些？

9-3　简述触电现场急救的两个步骤。

9-4　列出过电压的分类，比较各个类别的能量来源及能量强度。

9-5　雷电过电压的 3 种基本形式分别是什么？

9-6　简述变配电所防雷措施。

9-7　什么是人工接地体？

9-8　简述接地电流的散流现象。

9-9　什么是接触电压和跨步电压？

9-10　影响跨步电压大小的因素有哪些？

9-11　什么是低压配电系统的等电位联结？

9-12　等电位联结按照作用范围分为哪两类？

参 考 文 献

[1] 任彦硕, 苑薇薇. 工业企业供电 [M]. 北京: 北京邮电大学出版社, 2010.
[2] 杨岳. 供配电系统 [M]. 2版. 北京: 科学出版社, 2015.
[3] 刘燕. 供配电技术 [M]. 北京: 机械工业出版社, 2016.
[4] 唐小波, 吴薛红. 供配电技术 [M]. 西安: 西安电子科技大学出版社, 2018.
[5] 黄纯华, 葛少云. 工厂供电 [M]. 2版. 天津: 天津大学出版社, 2001.
[6] 赵彩虹. 供配电系统（上册 一次部分）[M]. 北京: 中国电力出版社, 2009.
[7] 雍静. 供配电系统 [M]. 2版. 北京: 机械工业出版社, 2011.
[8] 王艳华. 工业企业供电 [M]. 2版. 北京: 中国电力出版社, 2019.
[9] 雍静, 杨岳. 供配电技术 [M]. 北京: 机械工业出版社, 2021.
[10] 刘介才. 供配电技术 [M]. 4版. 北京: 机械工业出版社, 2017.
[11] 莫岳平. 供配电工程 [M]. 北京: 机械工业出版社, 2011.
[12] 唐志平. 供配电技术 [M]. 北京: 电子工业出版社, 2013.
[13] 刘学军. 工厂供电 [M]. 北京: 中国电力出版社, 2007.
[14] 王玉华. 供配电技术 [M]. 北京: 清华大学出版社, 2012.
[15] 居荣. 供配电技术 [M]. 北京: 化学工业出版社, 2005.
[16] 翁双安. 供配电工程设计指导 [M]. 北京: 机械工业出版社, 2008.
[17] 沈培坤, 刘顺喜. 防雷与接地装置 [M]. 北京: 化学工业出版社, 2006.
[18] 张家生, 邵虹君, 郭峰. 电机原理与拖动基础 [M]. 3版. 北京: 北京邮电大学出版社, 2017.